JIAJU ZAOXING XINGTAI SHEJI

# 家具造型形态设计


主　　编⊙黄嘉琳

副 主 编⊙刘小洪　王明刚

参编人员⊙干　珑　潘质洪　潘速圆　周　昊　柳　毅

广东高等教育出版社

Guangdong Higher Education Press

·广州·

## 内 容 提 要

家具造型设计是家具设计专业的一门专业核心课程和一体化课程，其任务是使学生了解家具造型设计的理论与流程，理解家具造型设计的方法和原则，培养学生常用家具形态设计的能力，掌握形态设计的原理并具备应用能力，掌握家具功能、材料、结构、细部及色彩与家具形态的关系，并能在家具设计中熟练应用，为后续的系列家具设计学习奠定良好的基础。

**图书在版编目（CIP）数据**

家具造型形态设计／黄嘉琳主编．—广州：广东高等教育出版社，2017.8

ISBN 978－7－5361－5948－8

Ⅰ．①家…　Ⅱ．①黄…　Ⅲ．①家具－造型设计－教材
Ⅳ．①TS664.01

中国版本图书馆CIP数据核字（2017）第148762号

广东高等教育出版社出版发行
地址：广州市天河区林和西横路
邮编：510500　电话：（020）87553335
网址：www.gdgjs.com.cn
佛山市浩文彩色印刷有限公司印刷
787毫米×1 092毫米　16开本　7.75印张　179千字
2017年8月第1版　　2017年8月第1次印刷
定价：32.00元

# 前言

我国家具行业经过30多年的发展，家具产品种类越来越丰富，产品风格越来越多样化，产品竞争也进入了品牌竞争时代。据相关统计，目前从事该行业的企业已有5万多家，从业人员超过1 000万人，2014年全国年产值超过1万亿元，中国已成为世界性的家具生产基地和制造大国。在如此高速发展下，我国家具企业与发达国家的差距越发突显，同时面临转型升级。企业急需大批与时代要求相适应的家具设计技能型人才，也需要与企业技能要求相适应的、系统的家具专业理论和实践指导。

本书从“造型设计”的角度出发，从理解家具的概念入手，倡导在设计思想等造型设计理论指导下的设计实践；以“形态”为核心和主要研究对象，探讨家具、家具产品的造型形态构成和构成法则、构成规律。本书以“任务”导入的方法，做到理论与实践的结合，既为学生清晰讲解家具造型的技巧，又给每一个知识点提出任务要求，使学生“在学中做”，逐步吸收教材中的养分。

本课程的学习方法：

1. 掌握家具设计程序与步骤。
2. 理解家具设计原则。
3. 熟悉家具设计风格特征。
4. 多阅读、观察、了解当代家具设计的现状（专业网站、卖场、专卖店、展会等）。
5. 多练习、实践（竞赛、实习）——加强理论与实践联系。
6. 熟悉家具整体与局部的尺寸、尺度、比例。
7. 学习家具相关知识的应用（材料、色彩、功能）。
8. 了解其他知识（结构、人机工学、市场）。

**课时安排（建议80课时）**

<table>
<tr><th>章节</th><th>课程内容</th><th colspan="2">课时</th></tr>
<tr><td rowspan="2">学习情境一　家具造型形态认知</td><td>知识准备</td><td>3</td><td rowspan="2">6</td></tr>
<tr><td>任务　理论讲解与市场调研</td><td>3</td></tr>
<tr><td rowspan="2">学习情境二　家具造型形态设计</td><td>知识准备</td><td>4</td><td rowspan="2">16</td></tr>
<tr><td>任务　家具造型分析</td><td>12</td></tr>
<tr><td rowspan="2">学习情境三　家具细节造型形态设计</td><td>知识准备</td><td>8</td><td rowspan="2">28</td></tr>
<tr><td>任务1　家具造型设计<br>任务2　家具细部设计<br>任务3　家具结构设计</td><td>20</td></tr>
<tr><td rowspan="2">学习情境四　家具材料、色彩搭配设计</td><td>知识准备</td><td>6</td><td rowspan="2">22</td></tr>
<tr><td>任务　家具材料及色彩设计</td><td>16</td></tr>
<tr><td rowspan="2">学习情境五　家具评估与优化设计</td><td>知识准备</td><td>4</td><td rowspan="2">8</td></tr>
<tr><td>任务　安全性、舒适性、美观性评估</td><td>4</td></tr>
</table>

# 目录

# 学习情境一　家具造型形态认知

## 【学习目标】

（1）知识目标。

•了解家具造型设计的基本程序并能制订初步实施计划。

•通过本单元的学习，了解造型形态分类和家具风格对造型的影响。

•学习和理解家具造型形态所传达的信息。

（2）能力目标。

•熟练掌握家具风格造型的分类方法。

•能深刻理解何谓“好的产品形态”，并能从纯美学角度把握家具产品形态设计的基本规律及常用方法和技巧。

（3）素质目标。

•明确职业岗位的范围，不断提高自身的职业能力。

•培养分析能力和解决问题的能力。

## 【情境导入】

（1）收纳架

（2）圈椅

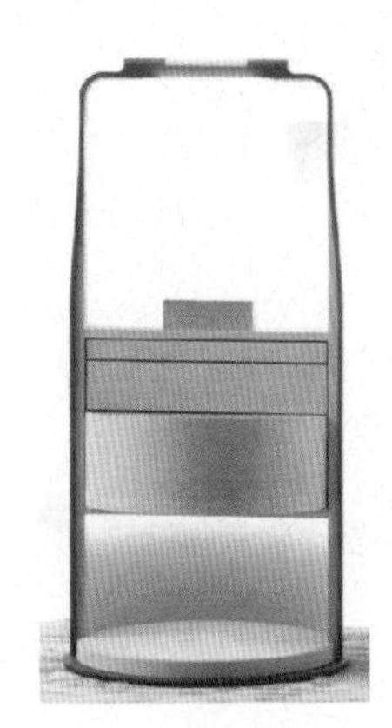

（3）床头柜

图 1–1　家具认知

## 【知识准备】

### 一、家具造型设计基本概念

1. 家具、家具设计、家具造型设计的定义

（1）家具。

广义：家具是指人类维持正常生活，从事社会实践和开展社会活动必不可少的一类器具。

狭义：家具是指在生活、工作或社会交往活动中供人们坐、卧或支承与贮存的一类器具与设备。

（2）家具设计。

家具设计是为满足人们使用的、心理的、视觉的需要，在投产前所进行的创造性的构思与规划，并通过图纸、模型或样品而表达出来的过程和结果。家具设计主要包括造型设计、结构设计、工艺设计和推广设计等四部分。

（3）家具造型设计。

家具造型设计是家具设计的开端和基础，其任务是对家具产品赋予材料、形态、结构、色彩、表面加工及装饰等造型元素。可以说，家具产业创新发展的核心是家具造型设计，其设计方案的优劣将直接影响到家具产品研发的成败。家具造型是人类在特定使用功能的要求下，通过特定的手法，创造出各种自由而富于变化的造型形态的方法。它没有一种固定的模式，是随着时间和流行趋势的发展而变化。

**思考：**户外的石椅子、公共候车亭是家具吗？

图 1–2　户外椅

图 1–3　公共候车亭

**知识拓展：**

形态是指（在事物描述中）事物所表现出来的状态，建立在物体外观轮廓形状的基础上，包括质地、三维空间，甚至其成形结构。

造型是指塑造物体特有形象，也指创造出的物体形象。

2. 影响家具造型设计的四大要素

（1）功能。家具作为人类生产和生活不可缺少的器具，实用性是第一位的，设计的家具制品必须符合它的直接用途，任何种类的家具都有使用的目的，如果使用功能不合理，造型再美，但不方便使用，则只能当作陈设品。但家具又有艺术性的功能，因此单有功能合理而缺乏艺术美的家具只能作为器具使用。

（2）材料。材料是家具构成与造型设计的物质技术基础。各种不同的材料由于其理化性能不同，因此成型方法、结合形式及材料尺寸形状都不相同，由此而产生的造型也决然不同。

（3）结构。结构合理是家具造型设计的重要因素，并直接影响家具的质量。家具的结构必须保证其形状稳定和具有足够的强度，适合生产加工。

（4）人群。家具造型的特征也显示出不同的消费群、使用功能及使用环境（如图1–4）。

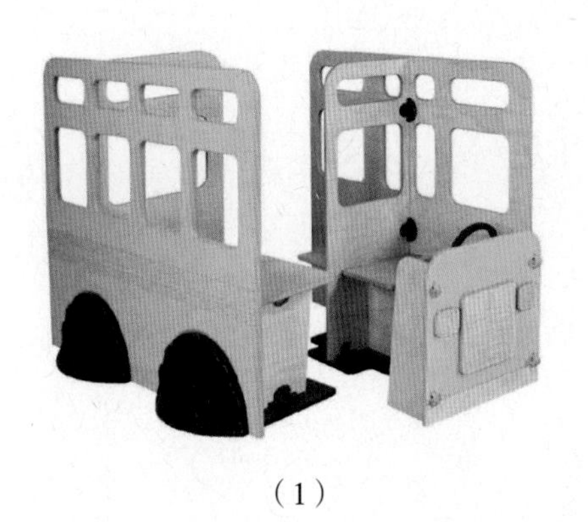
（1）

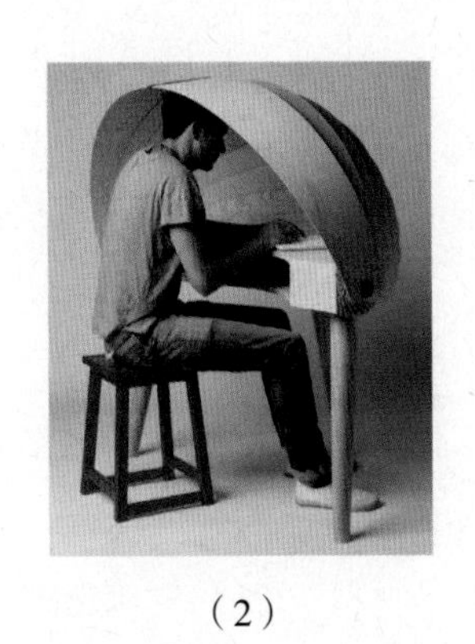
（2）

（3）

**图 1–4　儿童家具、青年家具、中老年人家具**

儿童的家具设计追求的是简洁、童真的造型，鲜艳、活泼的色彩，整个造型体现出一种俏皮、可爱的卡通特征。设计时需考虑儿童使用安全。

青年人的家具设计崇尚的是造型上的前卫、时尚和色彩上的张扬、个性化，反映出青年人的潮流意识和情感需要。

中老年人的家具设计注重沉稳、端正的造型，素色、雅致的色调，整个家具造型尽可能地呈现出一种安详、静谧的氛围，特征设计时必须考虑家具辅助老人日常生活便利及使用安全的功能。

在引导消费者购买产品时，家具造型上的暗示其实是无形的，我们可以清楚地认识到，决定和影响家具造型语言的不只是家具的自身功能与特性，更为重要的是消费者对于家具功能外的心理感受与情感追求。对于家具设计师而言，要准确把握家具消费者的普遍心理，并将其运用在具体的家具设计中，使家具具有一种暗示消费者的特征，即家具的针对性。这种暗示是以家具自身造型为语言特征的。一个好的家具造型设计，要能鲜明地体现出它的功能用途及特性，这是作为家具设计师的根本目的与设计方向。

3. 家具造型的种类

（1）传统古典造型。

家具传统古典造型指家具经过历史的发展，一步步延续下来并具有时代特征的家具造型。其分为中国传统古典造型和西方传统古典造型。作为家具设计师应该熟悉掌握家具历史发展，为创新设计提供坚实的历史依据。

① 中国传统古典造型（见图 1–5、图 1–6）。

中国在世界上已经有上下五千年的文字历史，但家具史可追溯到七千多年前我国浙江余姚河姆渡文化时期，可以说，中国家具的历史更加悠久和厚重。从最初的秦汉家具到成熟的明清家具，传统古典家具造型风格一直在演变，其真实地反映着中国社会政治经济和文化的不断发展。其中，在明清时代发展到鼎盛期，有几款传统古典造型椅成为“经典”流传至今，如图 1–5 的官帽椅、四品官帽椅，图 1–5 的圈椅、玫瑰椅等。现今很多新中式家具的造型原型都来自于这几款中式家具的代表之作。

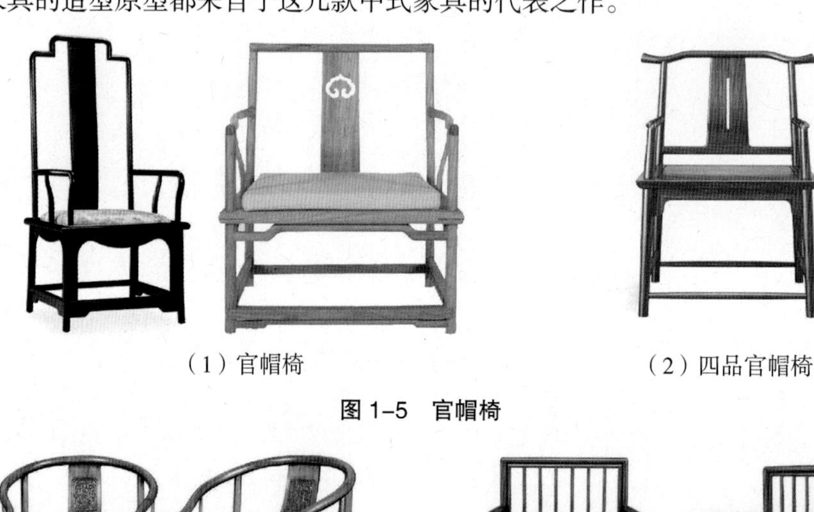

（1）官帽椅　　（2）四品官帽椅

**图 1–5　官帽椅**

（1）圈椅　　（2）玫瑰椅

**图 1–6　圈椅、玫瑰椅**

② 西方传统古典造型（见图 1–7）。

西方家具发展历史中，浓缩了不同时期的文化特色，从埃及、希腊、罗马到洛可可、新古典等，经历了多个不同风格时期，每个风格时期都因社会、文化、经济和科学技术的不同影响使家具有不同的古典造型。“经典”家具有奖章椅、酋长椅、温莎椅等。

对家具传统古典造型的创新是在继承和学习传统古典家具的基础上，用现代思维、现代技术将现代生活功能和材料结构与传统古典家具的特征相结合，设计出既富时代气息又具传统风格式样的新型家具，这样的再创造就是对传统文化的继承与发扬。

丰富的家具史为现代家具设计奠定了坚实基础。作为设计师，必须了解传统古典家具丰富多彩的造型，鉴赏历史上保存下来的优秀家具式样，研读家具文化的风格变迁，以提高造型感受力，培养审美能力，这是家具设计师不可或缺的成长过程。也就是说，只有了解家具过去、现在的造型变迁，才能把握现代家具造型设计的方法及流行的趋势，并做到不断地发展和创新。

（1）　（2）

图 1-7　西方古典家具

（2）现代抽象造型。

① 抽象理性。

抽象理性造型是以规则的几何形态为依据，采用理性、规则的三维形体为家具造型设计的手法。其造型简洁，强调功能性和模块化设计（见图 1-8）。

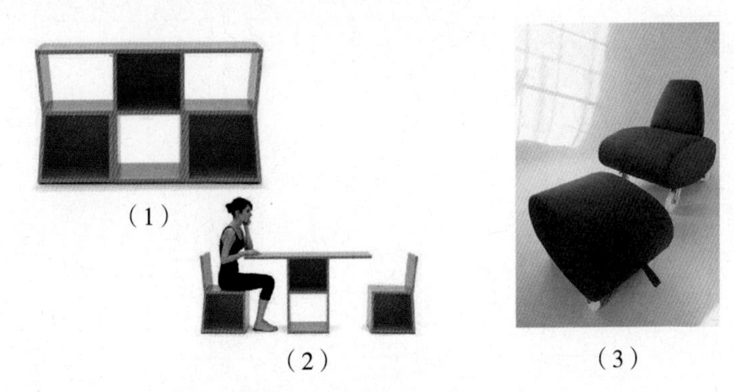

（1）　（2）　（3）

图 1-8　几何形态家具

② 有机感性。

有机感性造型是以优美曲线的生物形态为依据，采用自由而富于感性意念的三维形体为家具造型设计的手法。造型的创意构思是从优美的生物形态风格和现代雕塑形式中汲取灵感，结合壳体结构和塑料、橡胶、热压胶合板等新兴材料应运而生的。如图 1-9，有机造型的家具曲线线条丰富，非常有亲和力。

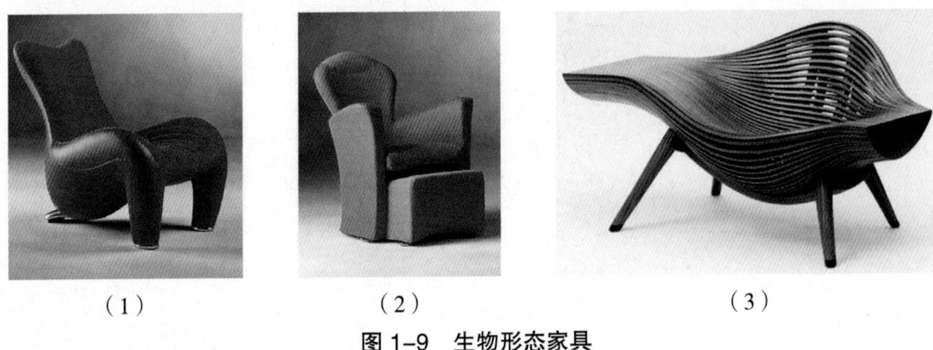

（1）　（2）　（3）

图 1-9　生物形态家具

**知识拓展：**

有机体，即有机形态，是指可以再生的、有生长机能的形态，它给人舒畅、和谐、自然、古朴的感觉，但需要考虑形态本身和外在力的相互关系才能合理存在。

无机形态是指相对静止的、不具备生长机能的形态。

## 二、家具造型设计流程（以拓璞家具设计公司为例）

### 1. 家具开发流程和家具造型设计的任务步骤

在学习家具造型设计的方法前，应首先了解家具新产品开发的流程和家具造型设计的任务与步骤。根据人们长期的家具设计实践和部分成功的家具设计师的经验总结，我们归纳出了家具设计的一般程序。以拓璞家具设计公司为例，家具新产品开发有 12 个阶段（见图 1-10），其中家具设计的过程分 5 个阶段，包括：① 调研阶段；② 市场定位及概念定位阶段；③ 家具产品设计阶段；④ 视觉表现；⑤ 营销策略制定。其中市场定位及概念定位阶段和家具产品设计阶段是家具造型设计阶段。

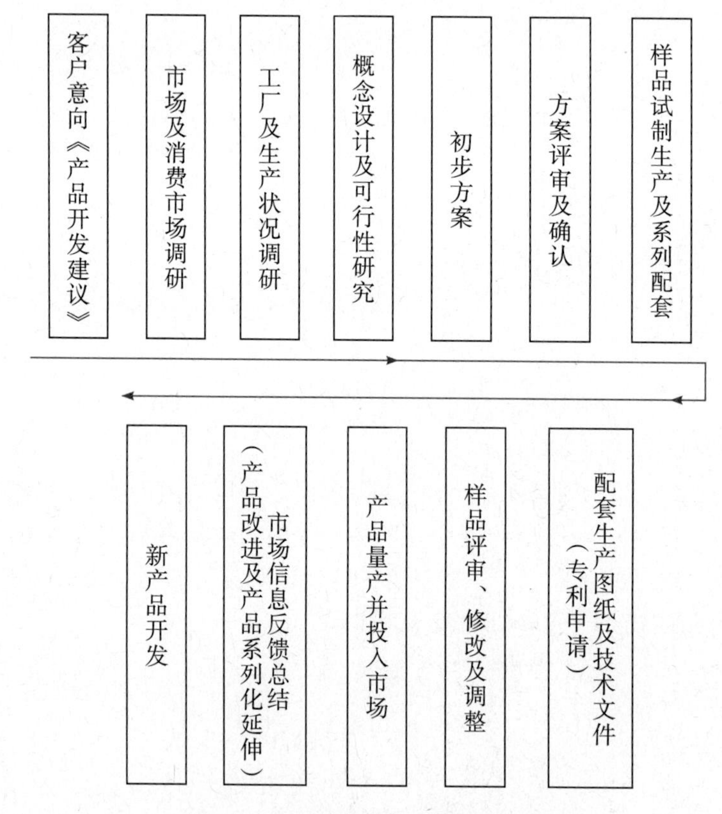


图 1-10　拓璞家具新产品开发流程

### 2. 产品定位与概念定位

产品定位首先要进行深入的市场调研，有效的市场调研可以建立对材料的认识、对五金的认识、对竞争对手的认识，主要有 4 个步骤：确定问题和调研目标、制订调研计划、实施调研计划、分析和撰写调研报告。对加工厂及合作厂的认识。此外，还要对市场宏观环境、竞争格局、渠道终端状况、消费者行为、心理特征有所认知，从而准确把握消费者需求市场动态，准确构建产品的利益点，建立准确的产品定位。

概念定位是产品整个设计过程中一个非常重要的阶段。完整的产品概念设计应包括产品市场定位、产品功能定位、产品形态描述以及产品的选材、结构和工艺，甚至营销和服务的策划均可纳入产品概念设计。这一阶段工作高度地体现了设计的艺术性、创造性、综合性以及设计师的经验性（见表 1–1）。

**表 1–1　产品定位及概念定位阶段内容**

| 阶　段 | 内　容 |
|---|---|
| 产品定位 | ① 市场细分及目标市场定位<br>② 消费群体定位<br>③ 产品风格定位 |
| 概念定位 | ① 设计理念<br>② 基本形态定位<br>③ 色彩设计描述<br>④ 产品功能定位<br>⑤ 产品的选材<br>⑥ 结构和工艺设计 |

3. 家具产品的设计

在家具产品定位和概念设计定位确定之后，就进入到家具产品设计阶段。在这个阶段主要解决的是将设计概念变为产品实物（见表 1–2）。

**表 1–2　家具产品设计阶段**

| 阶　段 | 内　容 |
|---|---|
| 造型设计 | ① 基本形态设计<br>② 产品丰富设计<br>③ 功能及产品细节设计<br>④ 材料色板制作 |
| 工艺结构设计 | ① 工艺结构设计<br>② 工厂可实施工艺研发<br>③ 细节大样图的绘制<br>④ 部分工艺的简化<br>⑤ 替代工艺研发 |
| 样品试制 | ① 设计图纸的工厂制作过程中的跟踪<br>② 设计人员就样板制作过程中出现的问题及时调整<br>③ 各配套的五金、材料到位<br>④ 适应工厂工艺体系的调整 |

续上表

| 阶　段 | 内　容 |
| --- | --- |
| 样品调整 | ①对工艺结构的调整<br>② 对比例尺度的调整<br>③ 对功能的调整<br>④ 对整体关系协调的调整 |
| 批量生产 | ①生产图纸的绘制<br>② 批量生产的工艺定型<br>③ 其他技术文件的准备 |

家具设计的一般程序和设计原则不是一成不变的，而是随着生产技术等综合因素的变化而发生改变。

## 三、风格与家具造型

按风格家具可以分为欧式家具（欧式古典、现代欧式）、美式家具、后现代家具、现代家具、中式家具（中国传统、新中式）、日式家具等多种风格。作为设计师必须掌握和熟练每一种风格的特征以及设计应用。

### 1. 欧式古典风格

欧式古典追求华丽和高雅。家具选型以曲线为主，多用兽腿、罗马柱、莨苕草、贝壳等形态为主要装饰，以白色为主色调。为体现华丽的风格，家具产品外观华贵，用料考究，内在工艺细致，制作水准高超、严谨，更重要的是它包含了厚重的历史感。

细节特征：家具框的绒条部位饰以金线、金边，墙壁纸、地毯、窗帘、床罩、帷幔的图案以及装饰画或物件为古典式。

### 2. 现代欧式风格

回归自然，崇尚原木韵味，外加现代、实用、精美的艺术设计风格。

细节特征：木材是北欧家具所偏爱的材料，此外还有皮革、藤、棉布织物等天然材料。也采用新型材料、人工合成材料，北欧也用镀铬钢管、ABS 塑料、玻璃纤维等人工材料制成经典家具，但整体主要使用天然材料。

### 3. 美式风格

美式家具特别强调舒适、气派、实用和多功能。美式家具可分为三大类：仿古、新古典和乡村式风格。怀旧、浪漫和尊重时间是对美式家具最好的评价。

### 4. 后现代风格

以时尚、奢华、唯美为主打，摒弃了传统欧式风格的烦琐，融入了更多的现代简约与时尚元素，渲染出家居的温馨与奢华。弧形优美镶着金银箔的雕花腿、闪耀着丝绸般温润光泽的毛绒布面、耀眼夺目的水晶钻扣、低调奢华的压纹牛皮等。

### 5. 现代风格

现代风格家具是一种比较时尚的家具，是用现代材料制作而成，款式比较现代、简约，节省空间且多功能，更适合新一代年轻人的口味。近几年的现代风格家具流行的颜色以胡桃色、黑檀和橡木色为主。

6. 中国传统风格

明清家具划分为京作、苏作和广作。京作指北京地区制作的家具，以紫檀、黄花梨和红木等硬木家具为主，形成了豪华气派的特点。苏作以明式黄花梨家具驰名。它的特点是造型轻巧雅丽，装饰常用小面积的浮雕、线刻、嵌木、嵌石等手法，喜用草龙、方花纹、灵芝纹、色草纹等图案。广作家具的特点是用料粗壮，造型厚重。

7. 新中式风格家具

新中式风格家具是以中国传统古典文化为背景，讲究纲常与对称，以阴阳平衡概念调和室内生态。

细节特征：新中式家具在造型上突破了中国传统明清家具的雏形，导入了现代化的干燥工艺、收缩，以现代人的的审美需求和功能需求为主导来打造的现代中国风家具，除了导入了现代的制作手法外，还将传统元素和现代元素有机结合。在木材的运用方面，新中式家具去除了古代红木家具的中规中矩，它是中国传统文化在当前时代背景下的经典演绎，充分反映出中华民族那种朴实无华的性格；在制作工艺上，“新中式”选择了木纹的清晰美观、开裂等现象与繁复。

8. 日式风格家具

日式风格家具具有三大特征：①原木色的材质，秉承日本传统美学中对原始形态的推崇，日式家具则着重于显示素材的本来面目。②简洁淡雅的设计。考虑到日式风格的空间是纯框架结构，没有完整的立面。因此，在日式风格家具的设计上，一般采用清晰的装饰线条，在其装饰线条上做了些许简化，利用序列线条增加室内的体量感，让整个居室的布置带给人以优雅、清洁感，并有较强的几何立体感。③讲究整体平衡。所谓平衡则是指其没有明显的重心和焦点，在日式风格家具中，没有过于突出的一个家具，在整体上显得简洁素雅，材质与色彩都是协调一体的。这种平衡也充分体现了日本民族谦逊的品质特点，在低调之处彰显内涵。

# 任务　理论讲解与市场调研

## 活动1　风格与家具造型

【任务描述】

请根据家具造型风格特征规律，对现有家具进行风格分类。建立初步的家具形态资料分类图库。对不同风格代表性的家具进行造型分析（风格自选：新中式、传统中式、古典欧式、现代简约欧式等）。

## 【任务实施】

（1）按照以下具体实木家具进行分组及元素归类与分析（椅子、书案与茶几、梳妆台、电视柜与书柜、餐台与餐椅、床与床头柜）。

（2）通过网络、书籍等不同途径搜集资料。

（3）把设计细节元素提炼归类，并且做文字说明。

（4）形成分类说明图。

（5）5 人一组，以 PPT 的形式汇报。

时间：3 天。

**表 1–3　风格与家具造型任务及时间安排表**

| 时间安排 | 任务内容 | 具体步骤 |
| --- | --- | --- |
| 第 1 ~ 2 天 | 家具风格及造型形态分析 | 分组，并搜集资料 |
| 第 3 天 | PPT 汇报 | 排版，并进行 PPT 汇报 |

## 【案例分析】

按风格类型，对家具进行造型列表分析，见表 1–4 至表 1–7。

**表 1–4　中式风格家具**

| 特点 | 细节特征 | 家具造型 | | |
| --- | --- | --- | --- | --- |
| | | 类型 | 传统中式 | 新中式 |
| 明式：儒家文化的精髓、平等自由的社会、殷实而又节俭的生活、繁荣而又高超的艺术与技术 | 明式：自然材料的质感、与人体协调的尺度、简洁的形式、得体的装饰。理性设计，突出功能性 | 椅凳类 | | |

续上表

| 特点 | 细节特征 | 家具造型 | | |
|---|---|---|---|---|
| | | 类型 | 传统中式 | 新中式 |
| 清式：当时我国社会文化出现了一味追求富丽华贵、繁缛雕琢的奢靡颓废风气。家具大多以造型厚重、形体庞大、装饰烦琐为主。<br>新中式：继承明清时期家具理念的精华，将其中的经典元素提炼并丰富，同时注入时代气息 | 清式：家具品种及造型上追求创新；推崇色泽深、质地密、纹理细的珍贵硬木，尤以紫檀为首选；工艺上装饰丰富，如雕饰和镶嵌；艺术风格上融会中西。<br>新中式：家具品种丰富，设计形式上比传统形式更简化，通过运用简单几何形态来表现物体。同时，家具造型体现了中华文化价值观 | 桌案类 |  | 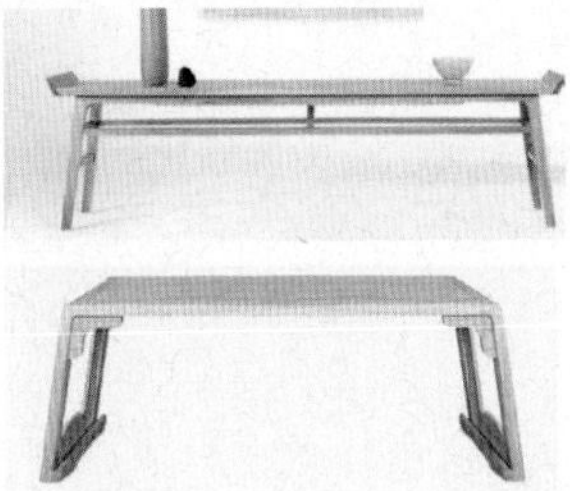 |
| | | 柜类 |  | 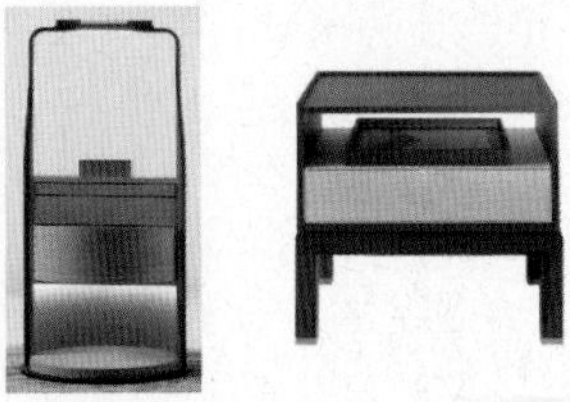 |
| | | 储物架类 | 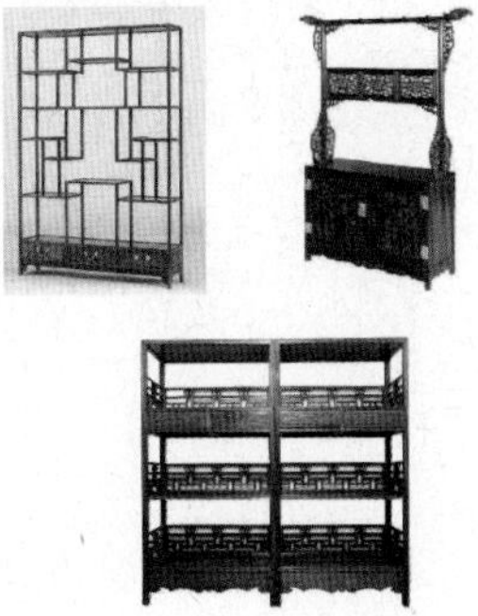 |  |

表 1–5　欧式古典家具

| 特点 | 细节特征 | 类型 | 家具造型 |
|---|---|---|---|
| 追求金碧辉煌、华丽、高雅的古典。产品外观华贵，用料考究，内在工艺细致，制作水准高超、严谨，蕴含了厚重的历史感 | 华丽、高雅。家具的线条部位饰以金线、金边，墙壁纸、地毯、窗帘、床罩、帷幔的图案以及装饰画或物件为古典式 | 椅凳类 | 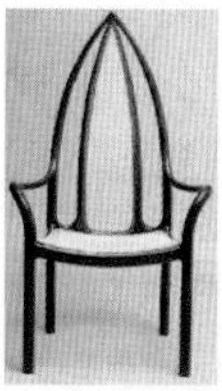    |
| | | 桌案类 |     |
| | | 柜类 |    |
| | | 储物架类 |    |
| | | 床类 |   |

表 1-6　北欧风格（简约）

<table>
<tr><th>特点</th><th>细节特征</th><th>类型</th><th>家具造型</th></tr>
<tr><td rowspan="5">回归自然，崇尚原木韵味，外加现代、实用、精美的艺术设计风格</td><td rowspan="5">木材是北欧家具所偏爱的材料，此外也使用皮革、藤、棉布织物等天然材料。也采用新型材料、人工合成材料，如镀铬钢管、ABS 塑料、玻璃纤维等制成经典家具，但整体实现使用天然材料。造型简单，设计上以直角、直线、圆圈等几何形态为主造型元素</td><td>椅凳类</td><td>     </td></tr>
<tr><td>桌案类</td><td>   </td></tr>
<tr><td>柜类</td><td>    </td></tr>
<tr><td>储物架类</td><td>   </td></tr>
<tr><td>床类</td><td>  </td></tr>
</table>

表 1-7　后现代风格

| 特点 | 细节特征 | 类型 | 家具造型 |
| --- | --- | --- | --- |
| 后现代家具以时尚、奢华、唯美为主打，摒弃了传统欧式风格的烦琐，融入了更多的现代简约与时尚元素，渲染出家居的温馨与奢华 | 弧形优美，镶着金银箔的雕花美腿、闪耀着丝绸般温润光泽的毛绒布面、耀眼夺目的水晶钻扣、低调奢华的压纹牛皮等，在聚光灯的照射下，呈现出或典雅绚丽，或奢华柔美，或超炫酷感的个性魅力 | 椅凳类 | 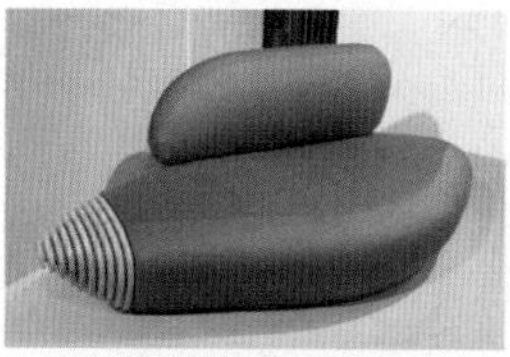   |
| | | 桌案类 |    |
| | | 柜类 | 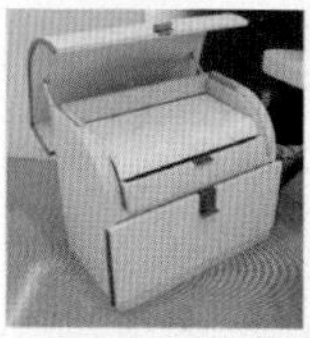    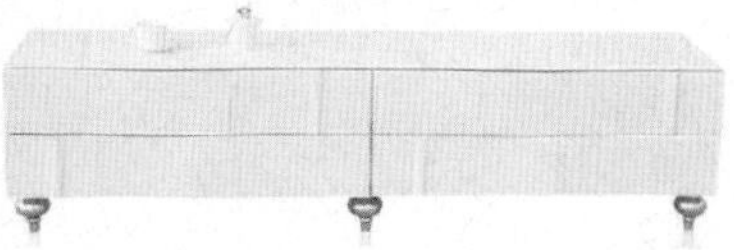 |
| | | 储物架类 |      |
| | | 床类 |   |

## 活动 2　家具造型与市场调研

【任务描述】

（1）通过网络、实体卖场等进行同类产品资料调研与搜集。

（2）实体店家具体验。

通过坐，去体验家具的舒适性。在坐的体验过程中，把认为合适的尺寸登记下来作为作业的尺寸。

（3）关键点。

在试坐过程中，找全班身材最娇小和最高大肥壮的同学来分别试坐同一张椅子，并跟大家分享感受。让学生明白椅子的尺度比例应满足更多的适用人群［如图 1–11（1）］。

【任务实施】

学生 4 ~ 6 人一组，每人准备一把 3 米以上的卷尺、手机 / 拍摄器械。

地点：毕业设计展展厅或者家具展场。

时间：2 天。

表 1–8　家具造型与市场调查任务及时间安排表

| 时间安排 | 任务内容 | 具体步骤 |
| --- | --- | --- |
| 第 1 天 | 家具造型资料搜集归类 | 分组，并搜集资料 |
| 第 2 天 | 实体店卖场调研与资料搜集 | 课前准备卷尺。走访实体店，感受“坐”的体验，进行造型与尺寸搜集 |

【案例分析】

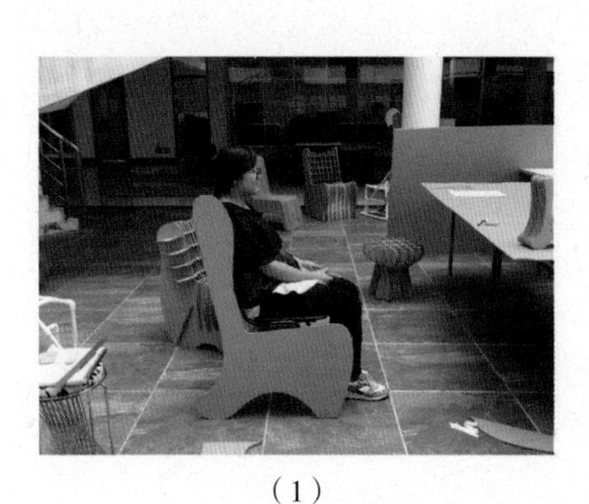

（1）

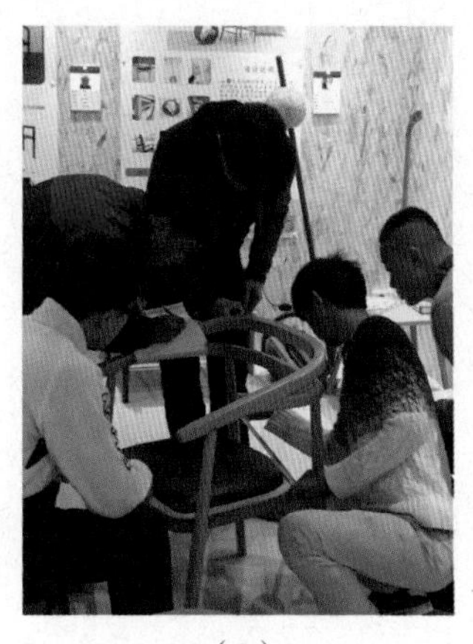

（2）

图 1–11　“坐”的体验、造型与尺寸搜集

## 【知识技能拓展】

**著名设计师介绍：**

### 1. 汉斯·瓦格纳

图 1–12　汉斯·瓦格纳

汉斯·瓦格纳(1914—2007)，生于丹麦(见图 1–12)。瓦格纳的主要设计手法是从古代传统设计中吸取灵感，并净化其已有形式，进而发展自己的构思。

在任何时候，瓦格纳都亲自研究每一个细节，尤其强调一件家具的全方位设计，认为“一件家具永远都不会有背部”（见图 1–13）。他是这样教别人买家具的：“你最好先将一件家具翻过来看看，如果底部看起来能让人满意，那么其余部分应该是没有问题的。”

（1）

（2）

（3）

图 1–13　汉斯·瓦格纳作品

### 2. 卢志荣

图 1–14　卢志荣

卢志荣，建筑师、设计师、雕塑家，是意大利 CHI WING LO® 家具品牌及“一方”品牌创始人（见图 1–14），也是唯一一位被久负盛名的现代意大利设计圈推崇的华裔设计师。他的作品常在国际上发表、广播、展览和获奖（见图 1–15）。2004—2006 年，他曾任意大利著名家具名牌 Giorgetti 的艺术总监，在 2009 年曾担任俄罗斯圣彼得堡设计双年展评委会主席。

（资料来源：www.chiwinglo.it/cn/chi-wing-lo）

（1）

（2）

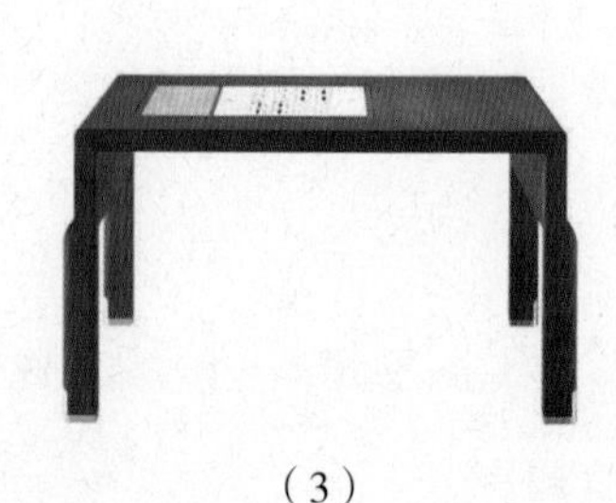

（3）

图 1–15　卢志荣作品

3. 朱小杰

朱小杰，中国著名家具设计师，中国家具设计的杰出代表之一，他做过石匠、木匠、钳工，最后成了能做自己喜欢家具的工匠。现任中国家具设计专业委员会副主任、上海家具设计专业委员会主任、澳珀家具设计师（见图 1–16、图 1–17）。

（资料来源：www.zhuxiaojie.com）

图 1–16　朱小杰

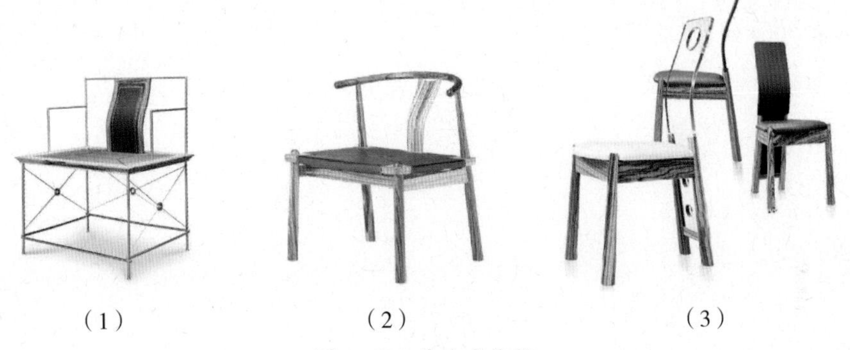

（1）　　（2）　　（3）

图 1–17　朱小杰作品

## 评估反馈

### 自我评价

表 1–9　目标达成情况

| 序号 | 学习目标 | 达成情况（在相应的选项后打“√”） | | |
|---|---|---|---|---|
| | | 能 | 不能 | 不能是什么原因 |
| 1 | 通过本单元的学习，了解家具造型形态类型特征、风格对造型的影响 | | | |
| 2 | 了解家具造型设计的基本程序并能制订初步实施计划 | | | |
| 3 | 学习和理解家具造型形态所传达的信息 | | | |

### 练一练

1. 洛可可风格最显著的特征就是不对称，并以自然界的动物和植物形象作为主要装饰语言，将雕刻与图案有机地融合在一起，以均衡代替对称以求得视觉上的稳定。（ √ / × ）

2. 唐式家具是我国传统家具发展的高峰。（ √ / × ）
3. 家具风格与室内设计有哪些关系？
4. 以风格来进行分类，建立自己的家具设计素材资源库。

小组评价日常表现性评价（由小组长或者组内成员评价）

表 1-10 评价表

| 序号 | 评估项目 | 评价结果（在相应的选项后打“√”） |
|---|---|---|
| 1 | 分析方法是否正确 | □优 □良 □中 □差 |
| 2 | 作业完成情况 | □优 □良 □中 □差 |
| 3 | 团队合作情况 | □优 □良 □中 □差 |
| 4 | 讨论参与度情况 | □优 □良 □中 □差 |
| 5 | 其他 | □优 □良 □中 □差 |

教师 / 企业专家点评

______________________________

______________________________

______________________________

总体评价：□优 □良 □中 □差

教师签名：__________ ____年____月____日

# 学习情境二　家具造型形态设计

【学习目标】

（1）知识目标。

- 了解形态设计的基本要素和形态设计在家具设计中的位置、形态设计研究的内容。
- 掌握产品形态的基本概念、基本理论和基本的产品形态设计技能。
- 学会运用形态分类的方法分析家具产品形态。
- 能正确进行市场调研。

（2）能力目标。

- 能分析项目设计任务。
- 能运用造型设计的基本方法进行造型创新设计。
- 能掌握创新思维方法的理论知识，并在设计实践中加以科学应用。

（3）素质目标。

- 工作流程确定能力。
- 沟通协调能力。
- 语言表达能力。

【情境导入】

（1）收纳架

（2）边柜①

（3）边柜②

图 2–1　家具的不同形态

## 【知识准备】

图 2-2　海螺截面图

形态元素，绝大多数家具产品的造型都可以用几类基本的形态元素构成，这些基本的元素是概念性的，在和家具结合后才成为家具造型设计的视觉元素。基本元素可以分为二维和三维空间形态元素两类。在一件产品上，这些基本元素以多种方式相互组合，构成家具的视觉形态的和特征（见图 2-2 至图 2-5）。

康定斯基以绘画为分析基础，将点、线、面作为抽象艺术的基本元素。实际上，这些元素不是直接呈现在产品形态上的，而要依靠我们的感知而存在。

图 2-3　线为主的家具造型

图 2-4　面为主的家具造型

图 2-5　体为主的家具造型

### 一、点

点是形态构成中最基本的构成单元。在几何学里，点是理性概念形态，没有大小，只有位置。而在造型设计中，点有大小、形状，甚至有体积，是按它与对照物的相对概念来确定的。

#### 1. 点的特点

在几何学上，点没有大小，只表示空间中的一个位置，但是它一旦物质化后，就有了大小和形态。

（1）点的张力。

① 当点在中心位置的时候，因为符号的视觉平衡，处于对角线的交点处，点是稳定的、静止的，并成为区域内的统治因素（见图 2-6）。如图 2-7 圆书柜用两圆中心对称的视觉感觉使书柜有稳定感。

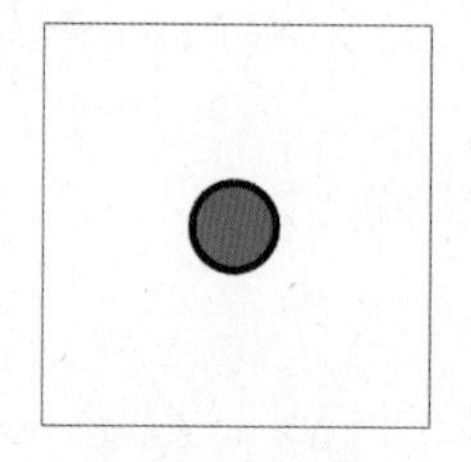
图 2-6　圆点

图 2-7　圆书柜

② 当点向旁边平移时，改变视觉平衡，产生了动势，由于离中心位置近，所以产生向心的张力（见图 2-8）。如图 2-9 圆柜的构成由两个圆心不同的大小圆组成，小圆产生一种“驱动”感，形成人与柜互动的心理影响。

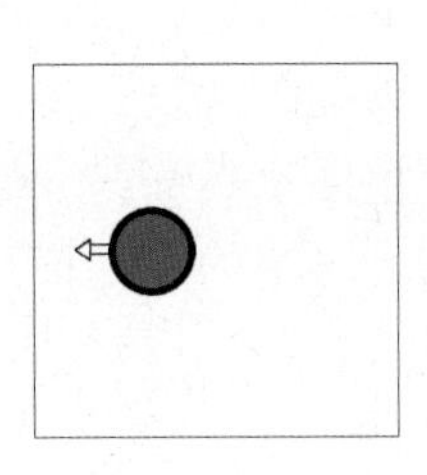

图 2-8　圆点平移

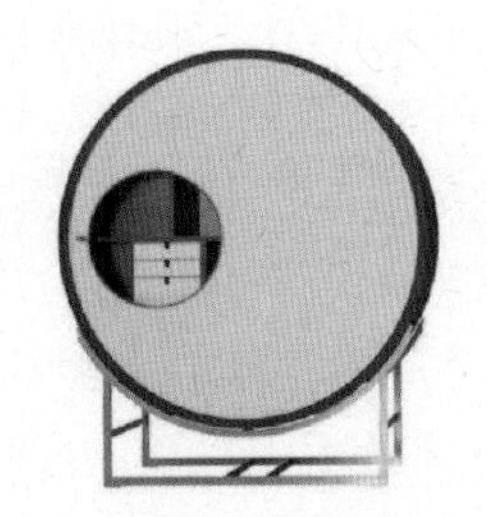

图 2-9　圆柜（卢志荣设计）

（2）点群（两个或两个以上点的形态的点群）。

当两个或者两个以上大小或形态相似的点之间的距离接近时，他们便会受到张力的影响形成一个整体（见图 2-10）。

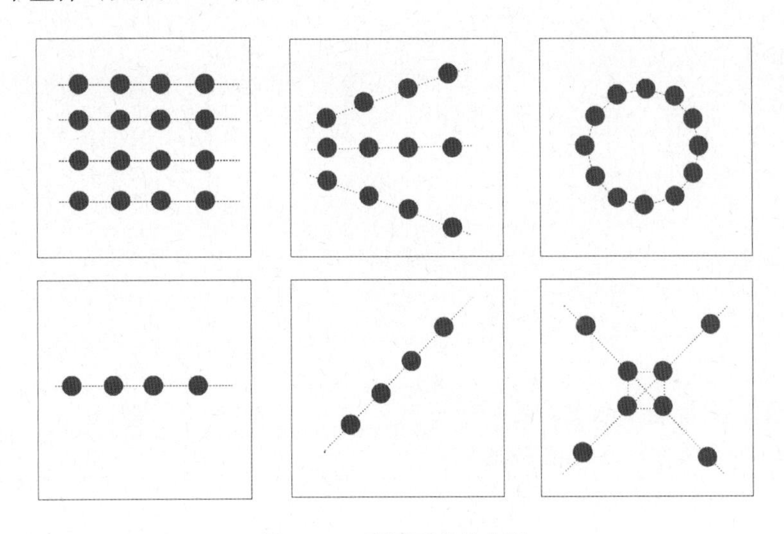

图 2-10　不同形态的点群

不同的点群关系在家具产品中形成不同的形态（见图 2-11 至图 2-13）。

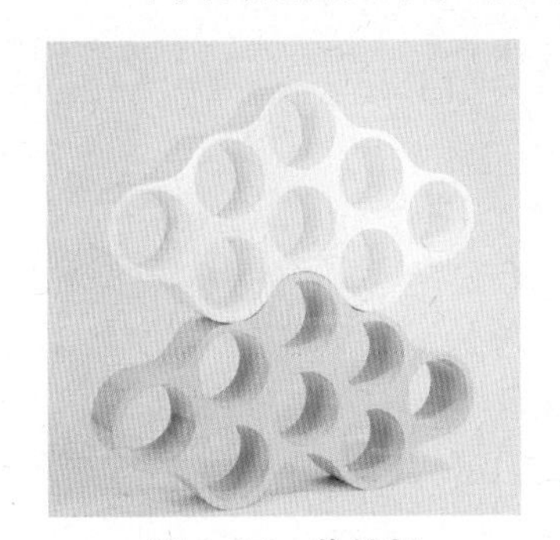

图 2-11　收纳架

图 2-12　沙发靠背包扣

图 2-13　办公椅靠背

### 2. 点在家具中的视觉表现形式

点元素在家具形态造型中，起到稳定整体造型，充当造型视觉中心的作用。在家具功能实现和装饰方面起到一定的作用。

在家具造型语言中，拉手、锁孔等部位都作为形态中的“点”元素产生画龙点睛的装饰效果。点在家具中的表现有柜门、抽屉上的拉手、锁孔，沙发软垫上的装饰包扣，沙发椅上的泡钉，以及家具的小五金装饰件等。相对于整体家具而言，它们都以点的形态特征呈现，是家具造型设计中常用的功能附件。在较大环境的室内设计中，小件家具往往也能成为点的一种形式，形成强烈的装饰效果。

（1）功能点——家具不同材质的配件和局部装饰配件。

点在家具中常常作为连接、把手、结构、收纳等功能，在设计点的功能性时，注意点的形态必须与家具的整体形态相统一（见图 2-14 至图 2-16）。

图 2-14　亚克力凳子

图 2-15　家具把手

图 2-16　沙发包扣

圆柜用圆形作为造型元素，圆柱形的把手是圆柜的功能配件，通过旋转把手达到“窥”看和使用柜内空间的作用（见图 2-17）。

图 2-17　圆柜

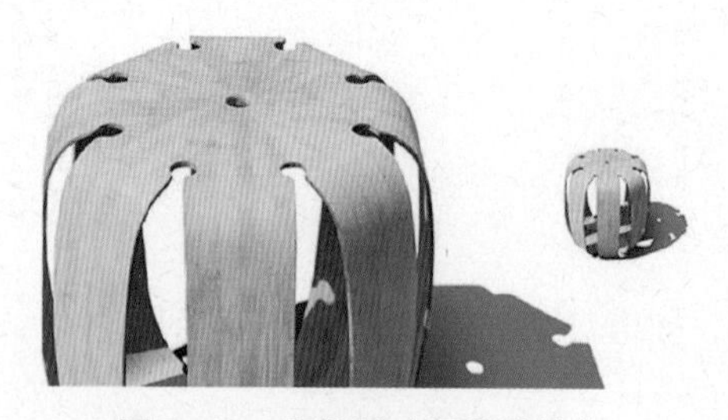

图 2-18　粤竹墩（温浩设计）

粤竹墩每个腿间的连接处运用了点的造型进行“修理”，其不但具有装饰性，并且有一定的功能性，可以防止材料间的连接处因受压而开裂（见图 2-18）。

（2）装饰点——丰富家具整体特征（见图 2–19、图 2–20）。

点在家具中的装饰性是最基本的特征。在系列家具设计时，点是系列产品中重要的元素符号，如图 2–19 儿童卧室系列家具，米奇老鼠耳朵作为点的元素应用到系列产品的每个单品家具中，起重要的装饰性作用，同时也是统一整套家具的造型元素。

图 2–19　儿童卧室系列家具

图 2–20　曲木休闲椅

屏风中间塑料材料的部分用有序排列点群的造型元素进行镂空设计，使屏风具有更大的透光性，在空间中造成光影效果，起到更好的装饰作用（见图 2–21）。同时，有序的点群排列符合屏风在空间中的“角色”，不会让屏风在空间中过分“亮眼”。

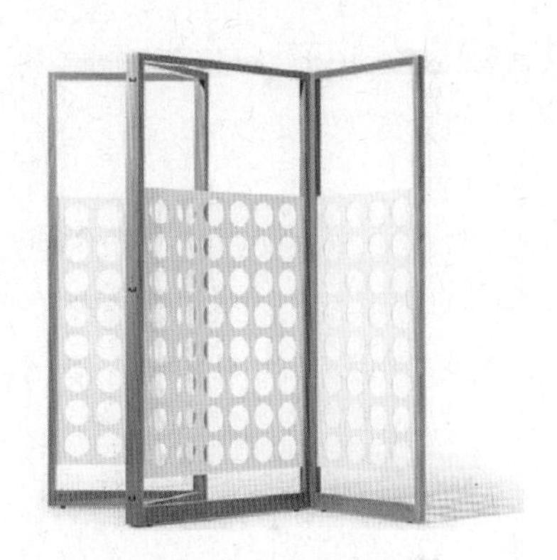

图 2–21　屏风

（3）特色的节点——创意为先导产生的造型形态。

特色的点的运用，更多是为了突出家具的主题或丰富整体造型。如图 2–22 的沙发，设计师把沙发设计成一堆鹅卵石的造型，让使用者在坐沙发的时候产生“埋”在石堆中的联想，沙发的软与鹅卵石的硬产生戏剧化的视觉与触觉的感受，其中鹅卵石是以点的形态存在，深化了主题。

图 2–22　“鹅卵石”沙发

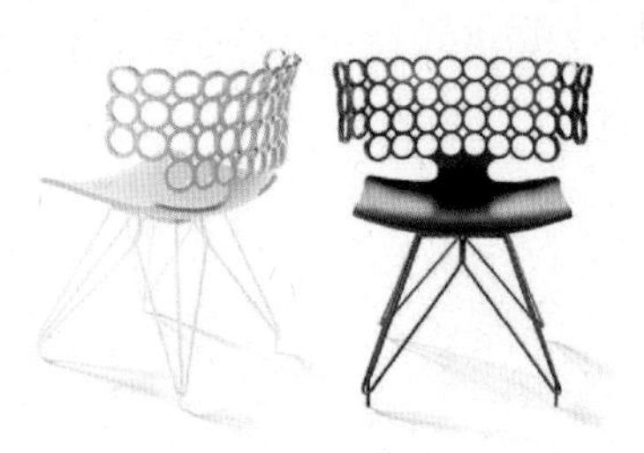

图 2–23　休闲椅

图 2–24　米兰展家具

一般情况下，点会被认为是圆形的（见图 2-23）。但实际上其实只要在具备点的性质时，点就能以多种形态来表现，以增加形态的多样性，表达不同的设计思路或产品功能，如图 2-24。

**小提示：**在点的形态特征分析过程中，应按点、点群等知识点，对家具的整体或者局部造型进行分类。

## 二、线

### 1. 线的特点

线是点移动的轨迹。线的表现特征随着线的长度、粗细和运动状态而异。线的形态主要有直线和曲线两大类。直线有垂直线、水平线与斜线 3 种，曲线可分为几何曲线与自由曲线两种。在形态造型中，线还可以有粗细虚实之分。

■ 直线：垂直线、水平线、斜线。

■ 几何曲线：抛物线、双曲线、螺旋线。

■ 自由曲线：C 形线、S 形线、涡形线。

线的表现特征主要随线型的长度、粗细、状态和运动的位置而异，不同的线型在视觉心理上产生不同的心理感受。线在造型设计中是最富有表现力的要素，其丰富的变化，对动、静的表现力极强，最富心理效应。

### 2. 线在家具中的视觉表现形式

在家具造型中，线即表现为线型的零件，如木方、钢管等；也表现为板件、结构的边线，如门与门、抽屉与抽屉之间的隙，门或屉面的装饰线脚，板件的厚度封边条，以及家具表面织物装饰的图案线等诸多方面。

（1）纯直线构成的家具。

纯直线家具分斜线为主的直线家具和平直线为主的直线家具（见图 2-25 至图 2-29）。图 2-26 平直线为主的风格给人宁静、干净、整洁、便利的感觉，现代感较强，多用于现代风格家具、定制家具。图 2-27 斜线为主的风格给人天然、悠闲、有速度的感觉，多用于现代风格家具。

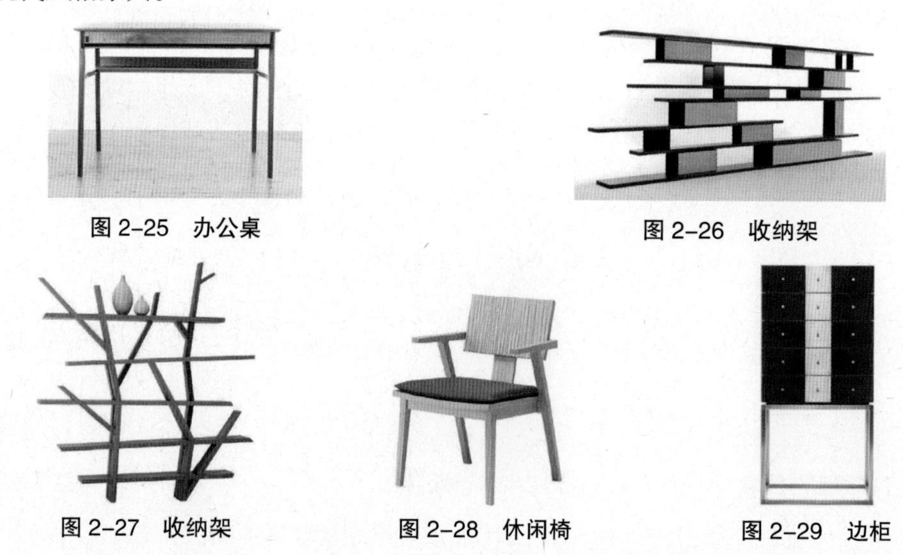

图 2-25　办公桌

图 2-26　收纳架

图 2-27　收纳架

图 2-28　休闲椅

图 2-29　边柜

（2）纯曲线构成的家具。

纯曲线的风格给人古典、天然、圆润、有亲和力、舒适的感觉，多用于古典家具或后现代风格家具（见图 2–30 至图 2–33）。

图 2–30　“奖章”椅

图 2–31　休闲椅

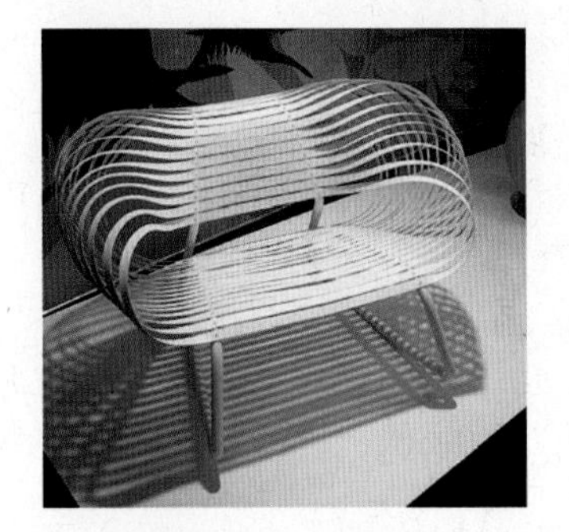

图 2–32　金属椅

图 2–33　竹藤家具

（3）直线与曲线结合构成的家具。

在日常的家具产品中，更多的是直线与曲线相结合的家具，理性与感性相结合使家具更有亲和力（见图 2–35 至图 2–38）。在设计这种类型的家具时，重点是多维度地体现直线与曲线相结合的形态设计。同时，在同一个零件上，边角导圆角的大小必须统一。

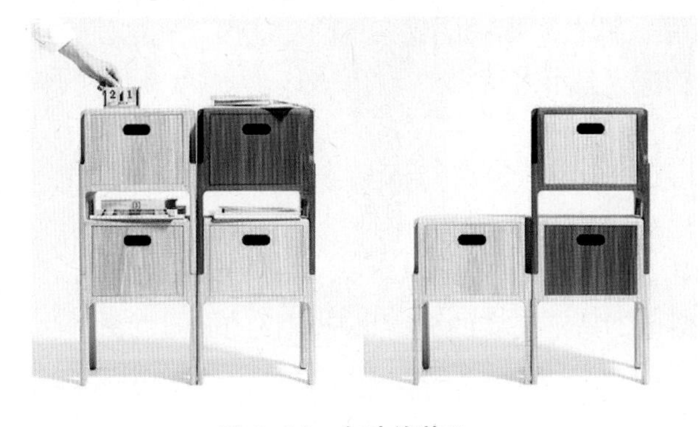

图 2–34　多功能茶几

收纳柜外观用直线方体的造型，设计师为了增加收纳柜的功能性和亲和力，在细部造型设计时，多处使用曲线的线条，使产品可爱、实用（见图 2–34）。

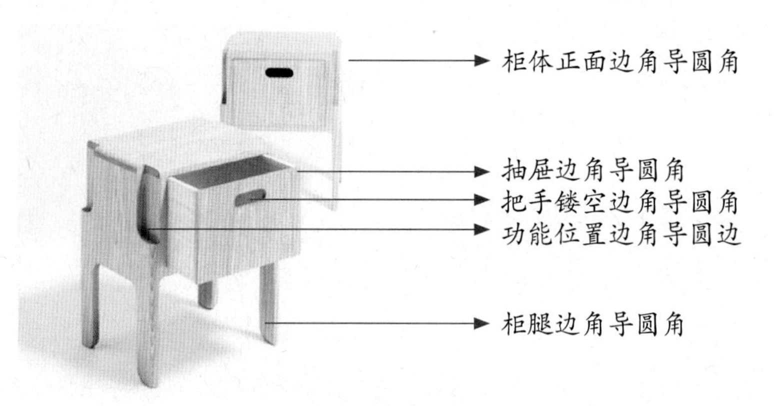


图 2-35 多功能收纳柜

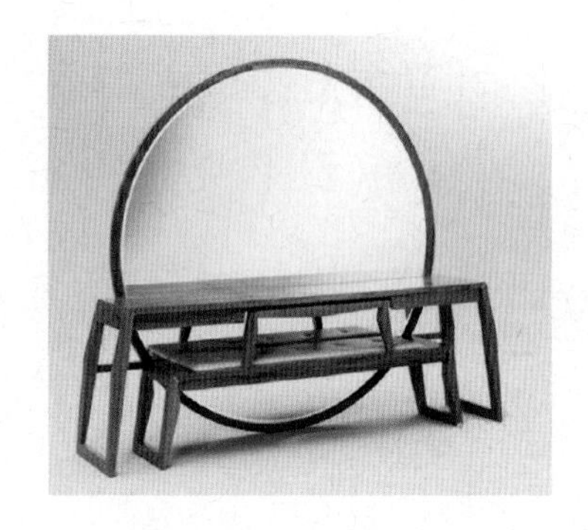

图 2-36 梳妆台组合

图 2-37 金线家具

图 2-38 实木椅

### 三、面

面是由线的移动轨迹形成，也可由点的密集形成。按线移动的不同轨迹，可形成不同形状的面。另外，线的排列也可以形成面的感觉。面可分成平面与曲面，平面有垂直、水平与斜面之分，曲面有几何曲面与自由曲面之分。

面形在家具造型语言中主要以板面或其他实体的形式出现，其中也包括有条块或线形零件排列构成的面。面是家具造型设计中的重架构成因素，家具的使用功能大部分都是要通过面来实现的。

面是家具造型设计中的重要形态要素，面在家具中构成家具的功能面、支撑面、造型面等，从而实现家具的实用功能，并构成家具形态特征。

1. 面的特征

面的类型有直面和曲面两大体系，面的形成即可以是由实在的面形成的“正”面也可以是由点或线组合构成的虚空的“负”面。

2. 面在家具中的视觉表现形式

（1）实体的面：在整个形中布满颜色，是个充实的面，也是积极的面（见图 2-39 至图 2-41）。

图 2-39 椅 1

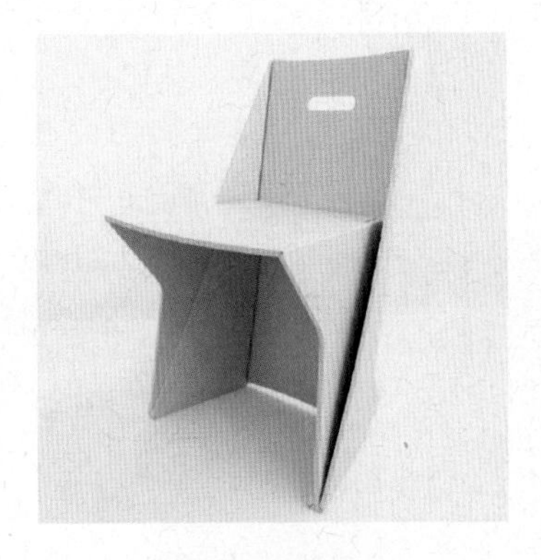
图 2-40 椅 2

图 2-41 桌

（2）空虚的面：只勾画出轮廓线，或用点、线聚集形成的面，这种面属于消极的面（见图 2-42、图 2-43）。

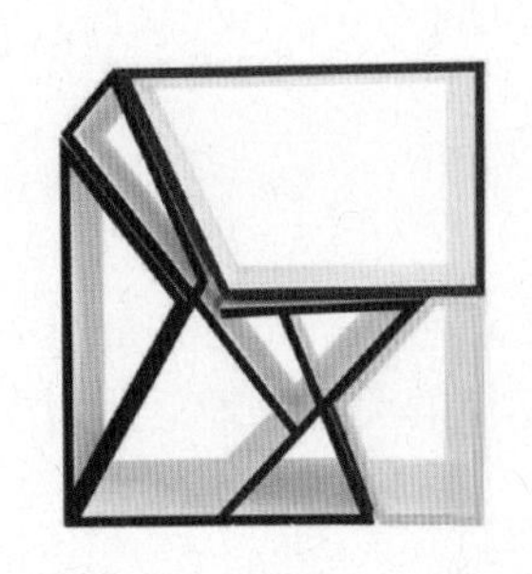
图 2-42 组合家具 1

（1）

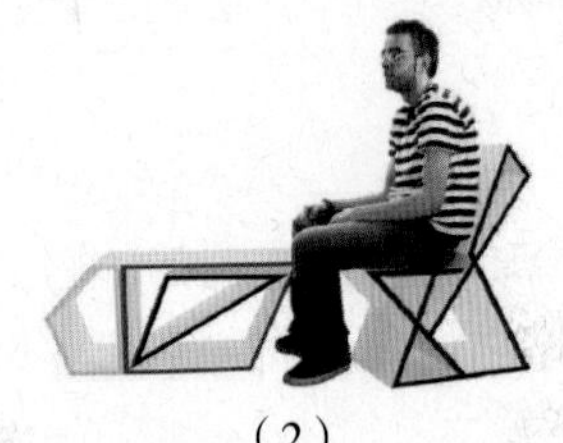
（2）

图 2-43 组合家具 2

空虚的面在设计时需要考虑它的功能性，调节虚实的节奏、收纳或装饰等作用。在家具产品中，设计师要善于在虚实面形成的功能与美感中做一个平衡。

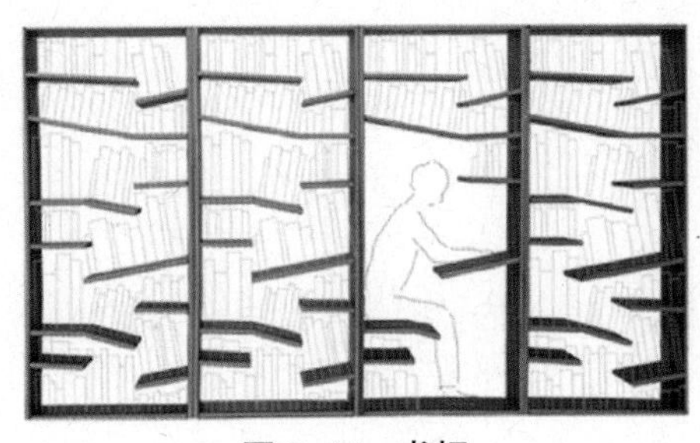
图 2-44 书柜

虚面除了可以收纳书籍，同时可以“收纳”阅读者，此书柜的设计扩大了书柜收纳的功能，合理地利用了空间（见图 2-44）。

图 2-45　红酒架设计

虚面之间的连接处通过五金件的使用得到无限延伸。如图 2-45 的收纳柜在使用时，使用者可按照自己的使用需求进行增减。

图 2-46　办公桌

虚面的产生除了造型的需要，更多的是因为增加了功能性。如图 2-46 的桌子因曲面产生了虚空间，增加了收纳功能。

## 四、体

在形态造型中，所有的体都是面运动形成的，体是最具有立体感、空间感、量感的形态要素。在体的运用中强调积极形体的优势，同时注重消极形体的关系处理，达到虚实和谐。

### 1. 体的特征与分类

体是面移动的轨迹，在造型设计中，也可理解为由点、线、面构成的三度空间或由面旋转所构成的空间（见图 2-47）。

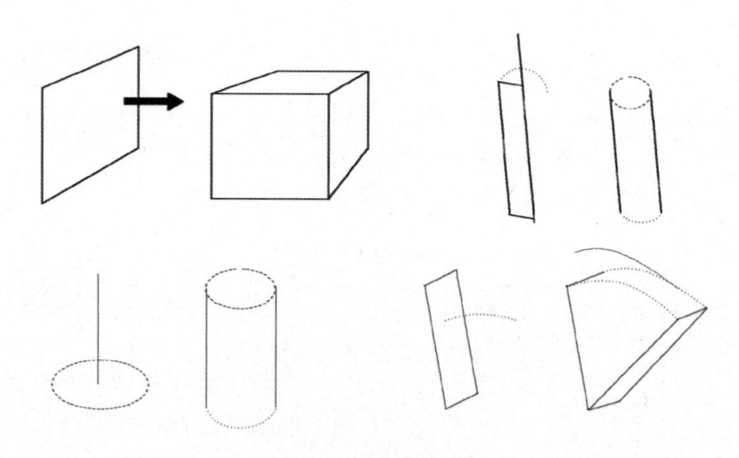

图 2-47　体的形成

体有几何体与非几何体两大类。几何体包括正方体、长方体、圆柱体、圆锥体、三棱锥体、球体等，非几何体一般指不规则的形体。体的构成可以通过面与面的空间围合构成（不封闭），常称为虚体；而由面与面组合或块组合成的立体（封闭），则称为实体。体在家具造型中表现在零部件围合的体空间，如椅、凳，固态块状的实体家具和玻璃围合的虚体家具也属于体构成。

2. 体在家具中的视觉表现形式

家具是由各种不同形状体构成的，体是在塑造家具造型中最能表现空间感、力量感和形态的要素。

（1）规则几何体。

规则几何体是无机形态（见图 2-48 至图 2-52）。

图 2-48　沙发

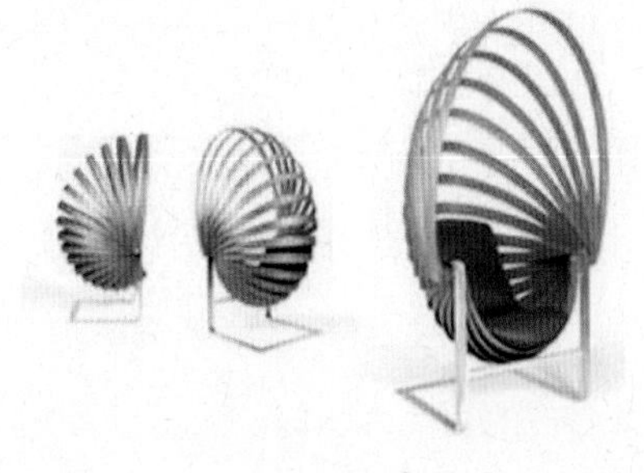

图 2-49　户外椅

图 2-50　冰山形态的“充气式”沙发

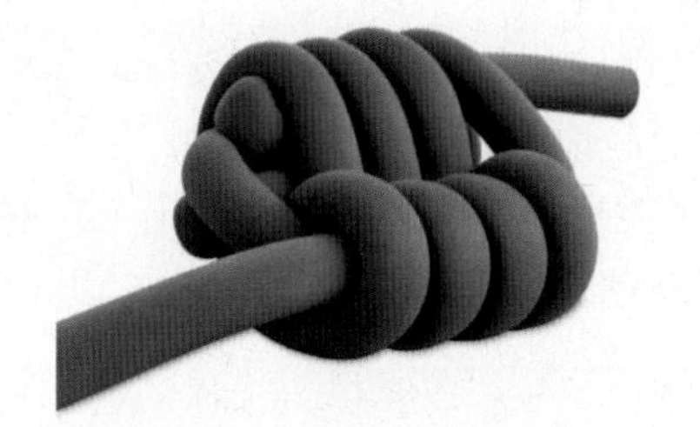

图 2-51　“中国结”休闲沙发

图 2-52　沙发

（2）有机体。

有机体是指造型上展示出多曲线或生物的形态。它感性、自由、流利，自然造型如河流、木纹、贝壳等，给人舒畅、和谐、自然、古朴的感觉（见图 2-53 至图 2-57）。

图 2-53　实木休闲椅

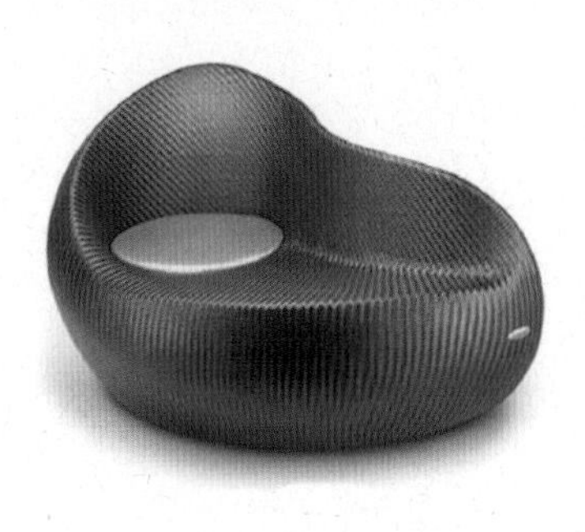

图 2-54　户外 PE 藤休闲椅

图 2-55　软体床

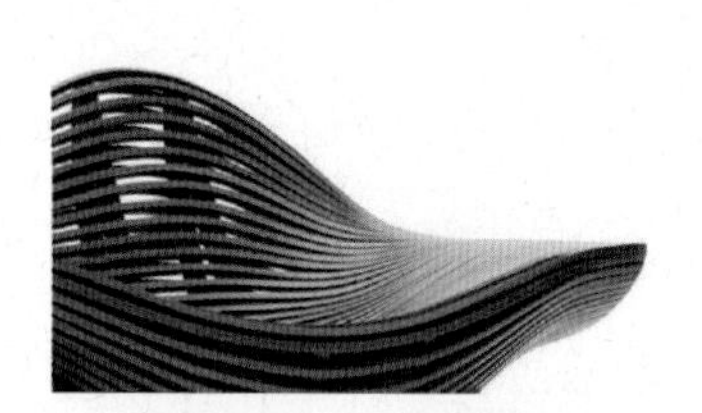

图 2-56　竹家具局部

图 2-57　竹家具

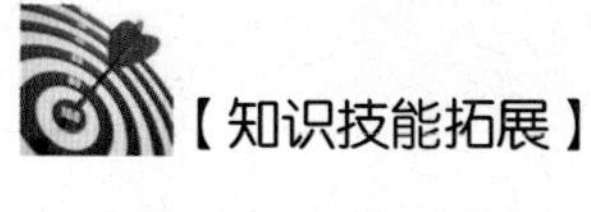
【知识技能拓展】

**有机形态的建筑设计应用：**

广州歌剧院由伊拉克女设计师扎哈·哈迪德设计，整个建筑群宛如两块被珠江水冲刷过的灵石，外形奇特，复杂多变，充满奇思妙想，很大程度地体现了有机形态（见图 2-58）。认识形态和认识其他事物一样，需要总结出一定的规律，并在此基础上找出各种形态的特殊性。因此，分析形态的不同类型成为形态设计的前提。

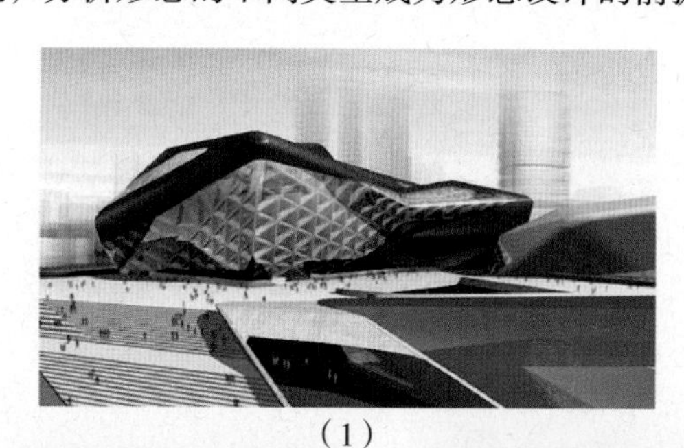

（1）

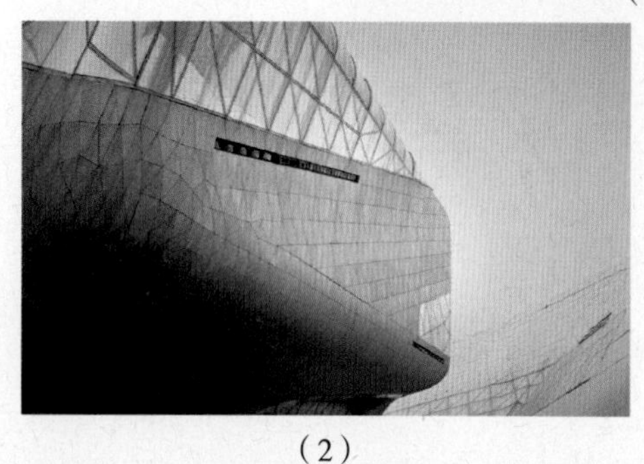

（2）

（3）

图 2-58　广州歌剧院

在家具造型语言中，以上几点要素不是完全孤立存在的，就像汉语中韵母有单音节、双音节一样，一件家具造型可以是单纯的线构成，也可以是复杂的多种构成组合。然而，如同“语音”有组合原则，要遵守所谓的“语法”一样，家具造型也要遵守一定的规则。

**小提示：**在家具中实空间是封闭的有实体的空间，虚空间就是实空间以外的空间，由虚实空间组成的家具不但产生各种功能，而且产生一定的空间美感。

# 任务　家具造型分析

## 【任务描述】

选定 5 款品牌家具，用所学的点、线、面和体的造型元素知识，分析实木家具的元素构成，理解设计师的设计手法与设计意图。

## 【任务实施】

（1）通过网络、书籍等不同途径搜集资料。

（2）分析归纳家具的造型元素构成和应用手法，并且用文字说明。

（3）1 人 1 份，以 PPT 的形式提交。

时间：1 天。

## 【案例分析】

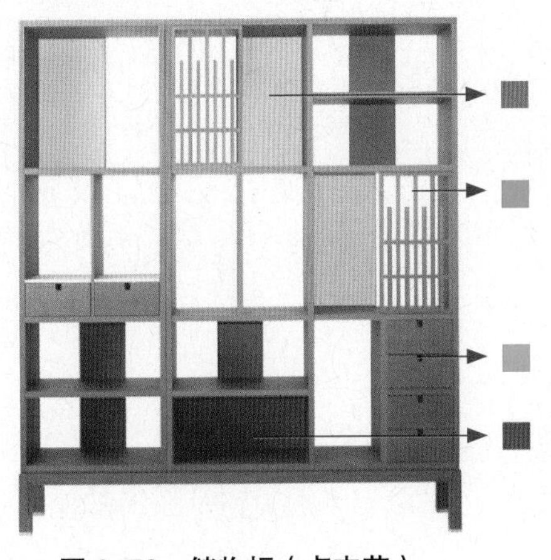

图 2–59　储物柜（卢志荣）

风格：新中式。

造型元素：直线条为主，元素有线、实面、虚面、实体和虚体。

卢志荣先生的储物柜设计，灵活运用了多种造型元素搭配使用，如线、实面、虚面、实体和虚体等。同时，在色彩设计上也形成呼应。通过多种造型设计的手法使柜体造型统一且有韵律（见图 2–59）。

■ 白色色块应用在柜体内，低调不失设计感。

■ 线造型，可移动柜门。

■ 实体，抽屉。

■ 虚体。

（1）

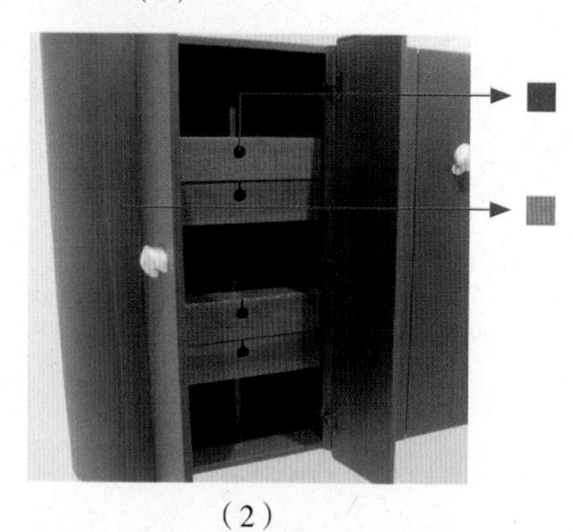

（2）

图 2-60　墙柜

风格：新中式。

造型元素：曲线条为主，主要元素有点、实体和虚体。

墙柜的把手五金，运用了点群的方法进行装饰，整个柜体如同一幅雕塑画（见图 2-60）。

■ 打开柜体，柜中有柜，为了造型的统一，抽屉的把手使用圆的造型。

■ 柜身用边角导圆。

【知识技能拓展】

**新中式家具品牌介绍：**

1. 如恩设计研究室（Neri&Hu）

由郭锡恩先生和胡如珊女士于 2004 年共同创立的如恩设计研究室，是一家立足于中国上海的多元化建筑设计研究室。如恩设计提供国际化的建筑、室内、整体规划、平面以及产品设计服务（见图 2-61）。

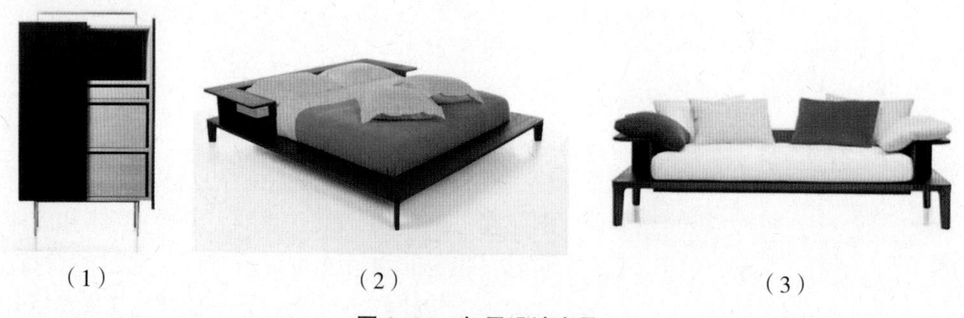

（1）　（2）　（3）

图 2-61　如恩设计家具

2. 上下（SHANG XIA）

“上下”创立于 2008 年，是一个当代高尚生活品牌，致力于传承中国及亚洲其他国家精湛的手工艺，通过创新，使其重返当代生活。“上下”由中国设计师蒋琼耳女士与法国爱马仕集团携手创立，共同打造一个传承中国文化及复兴传统手工艺的品牌。“上下”的作品包括家具、家居用品、服装、首饰及与茶有关的物品，以“家”为原点，演绎“绚烂而平淡”的生活方式。

“如其在上，如其在下。”“上下”涵盖了传统与现代，东方与西方，人与自然，诠释着中国式的儒雅与热情（见图 2-62）。

（资料来源：www.shang-xia.com）

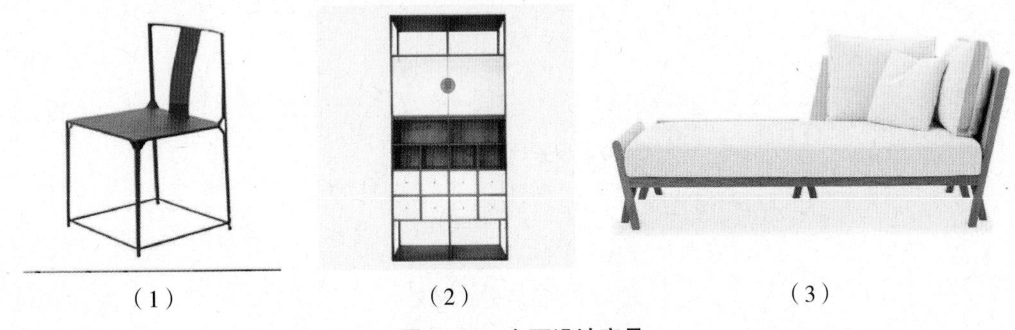

（1）　（2）　（3）

图 2-62　上下设计家具

3. 多少（MORELESS）

“多少”是当代中国原创家具品牌，由中国知名设计师侯正光先生于 2009 年创办，是中国家具原创家具品牌的代表之一。品牌专注当代中国人生活方式的营造，探索更合适当代国人的生活习惯和审美取向，力图以传统精神充实现代生活（见图 2-63）。

（资料来源：www.more-less.cn）

（1）　（2）　（3）

图 2-63　多少设计家具

4. 观致家具

观致家具设计通过材料的运用、柔美的线条、简洁多变的造型，或传统的元素、天然的色彩，突破以往产品循规蹈矩的做法，创造出家具独一无二的魅力，进入到欣赏者的灵魂深处。它将现代时尚元素与传统元素结合，以新的视角解读淡然悠远的中国文化，让新中式风格的家具折射出传统风格的韵味（见图 2-64）。

（资料来源：www.guanzhisheji.com）

（1）

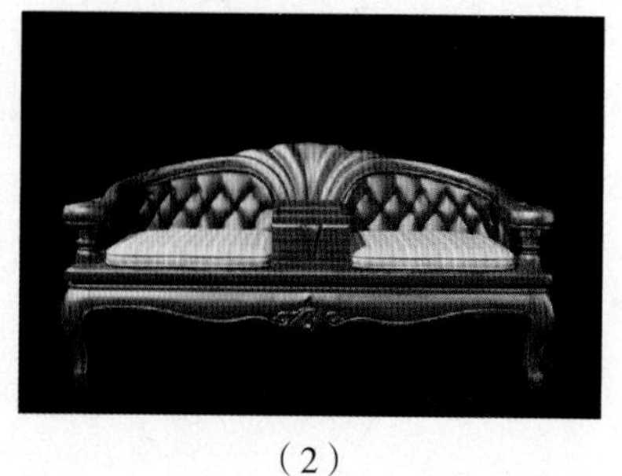
（2）

图 2–64　观致家具

# 评估反馈

## 自我评价

表 2–1　目标达成情况

| 序号 | 学习目标 | 达成情况（在相应的选项后打“√”） | | |
| --- | --- | --- | --- | --- |
| | | 能 | 不能 | 不能是什么原因 |
| 1 | 了解形态设计的基本要素、形态设计在家具设计中的位置、形态设计研究的内容 | | | |
| 2 | 掌握产品形态的基本概念、基本理论和基本的产品形态设计技能 | | | |
| 3 | 能正确进行市场调研 | | | |
| 4 | 能按处理手法的不同进行不同材质家具的造型分类分析 | | | |

### 练一练

1. 家具造型元素有哪些？它们的视觉表现形式有哪些？

2. 家具中，虚体与实体分别如何定义？

3. 线在家具中的处理方式有哪 3 种，分别叙述每一种的特征。

4. 以小组为单位完成一个“家具形态元素分类表”，把点、线、面、体分别在家具中的处理手法进行分类（要求：每一种处理手法 8 个家具图，家具图应涉及不同材质的家具）。

小组评价日常表现性评价（由小组长或者组内成员评价）

表 2-2　评价表

| 序号 | 评估项目 | 评价结果（在相应的选项后打"√"） |
|---|---|---|
| 1 | 分析方法是否正确 | □优　□良　□中　□差 |
| 2 | 作业完成情况 | □优　□良　□中　□差 |
| 3 | 团队合作情况 | □优　□良　□中　□差 |
| 4 | 讨论参与度情况 | □优　□良　□中　□差 |
| 5 | 其他 | □优　□良　□中　□差 |

教师 / 企业专家点评

______________________________________________

______________________________________________

______________________________________________

总体评价：□优　□良　□中　□差

教师签名：________________　　　　______年____月____日

# 学习情境三　家具细节造型形态设计

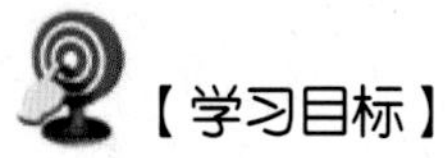

## 【学习目标】

（1）知识目标。

- 学习形态与功能、形态与材料、形态与结构、形态与家具细部造型的关系。
- 掌握家具新产品设计程序和步骤以及开发的手段和方法。

（2）能力目标。

- 具有对家具敏锐的观察和分析能力。
- 具有发现、解决问题的能力。
- 能够熟练掌握 3 种以上创新方法并灵活应用。

（3）素质目标。

- 善于观察、勤于思考、敢于实践的科学态度和创新求实的开拓精神。
- 沟通协调能力。
- 语言表达能力。

## 【情境导入】

参观 2 ~ 3 个家具展场，并以小组（4 ~ 6 人 / 组）为单位对某一风格的家具的造型和细部设计进行拍照及资料搜集。

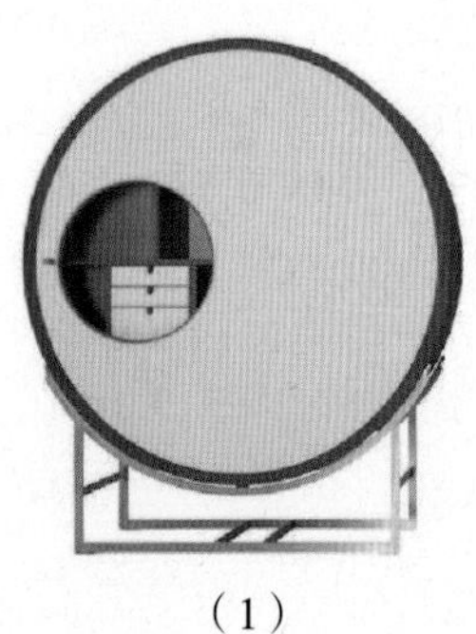

（1）

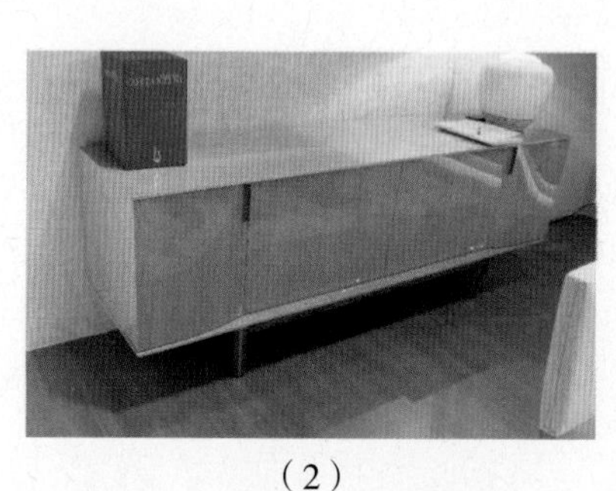

（2）

（3）

图 3–1　家具展示

【知识准备】

## 一、造型要素在家具设计中的运用

### 1. 点在家具造型中的运用

在家具外观形态上，可以被感知为点的情况非常多，装饰件、五金拉扣、图案等都会有点的性质，但是这些具备点的性质的物件有时大小不一，甚至超出原有的认知范围转变成了“面”，这时就需要将其与周围环境联系起来分析。一般情况下，点会被认为是圆形的，其实只要具备点的性质，点就能以多种形态来表现，以增加形态的多样性，表达不同的设计思路或功能。

（1）单点的造型处理手法。

构成视觉中心，形成家具特色（见图 3–2 至图 3–7）。

图 3–2　书柜

图 3–3　圆柜（卢志荣）

图 3–4　梳妆台组合 1

图 3–5　梳妆台组合 2

图 3–6　户外家具

图 3–7　户外家具局部

（2）点群造型处理手法。

点群产生运动感，形成节奏和韵律。当应用点群时，应按风格与造型设计分为序点群或者无序点群（见图 3-8、图 3-9）。

图 3-8　堆叠的家具

图 3-9　休闲沙发

家具靠背因为点群镂空的设计增加了艺术感，同时镂空的靠背比纯属“正”面的靠背更具弹性与舒适性（见图 3-10 至图 3-12）。

图 3-10　竹藤家具

图 3-11　塑胶休闲椅

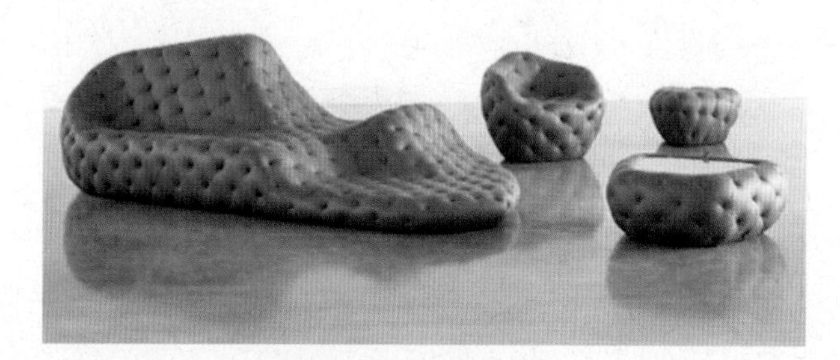
图 3-12　沙发包扣

2. 线在家具造型中的运用

家具造型语言中，线形零件（如明式家具的扶手、搭脑等）、板件边线、夹缝等都能看到线的表现。线富于变化，在家具造型设计中是不可缺少的、最富表现力的要素。

（1）外轮廓线——由线构成家具的外轮廓，形成家具的外形特征（见图 3-13 至图 3-16）。

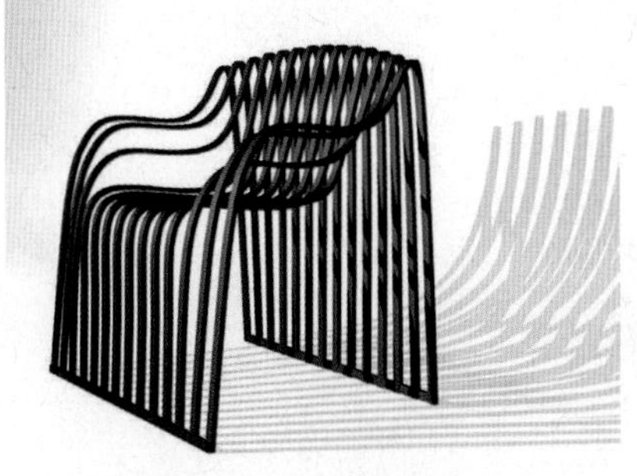

图 3-13 金属家具

图 3-14 编织椅

图 3-15 多功能板式家具

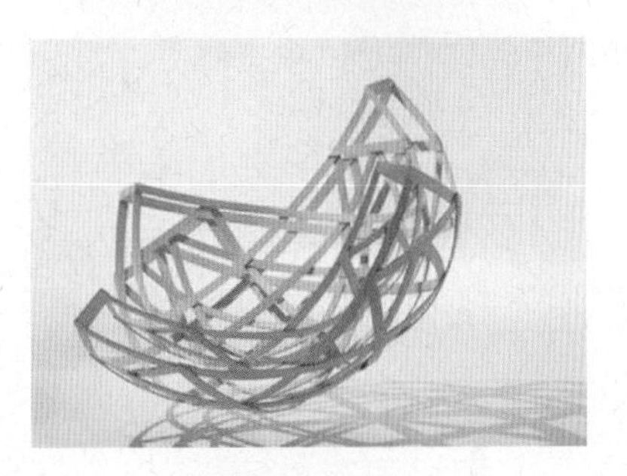

图 3-16 椅

（2）面的相交线——面与面相连接的缝隙、工艺缝、边条、装饰线脚等。

面的相交线是家具产品的细节部分，是最能体现设计感和加工水平的地方，因此也是家具产品提升产品价值感的重要位置（见图 3-17、图 3-18）。如图 3-18，沙发边缘用红色的“圆滚线”来突出沙发的造型。

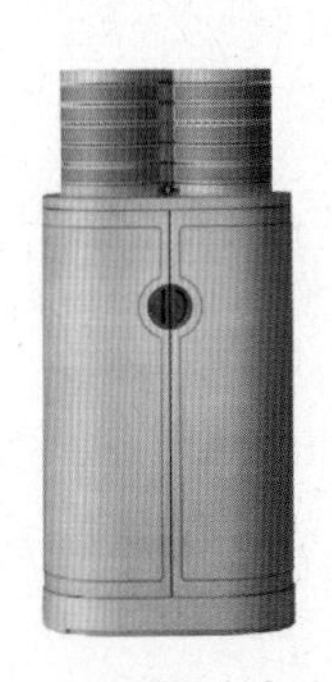

图 3-17 边柜（卢志荣）

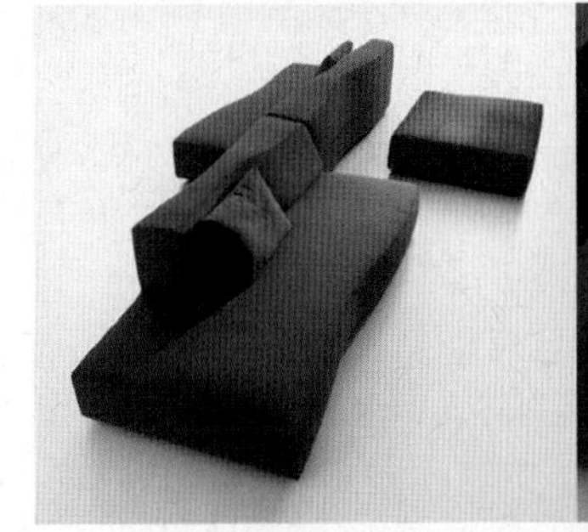

图 3-18 沙发

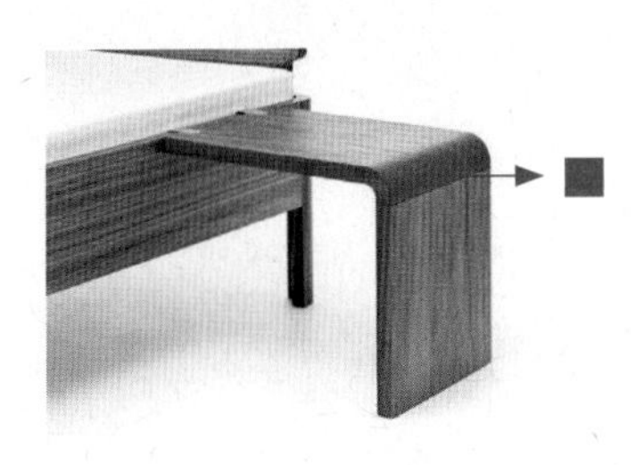

图 3-19 床头柜

图 3-20 柜局部

■ 家具中的工艺线（也称工艺缝）的使用多在接口处，而且是两种不同木纹走向的衔接处，目的是为了避免木头伸缩系数不同导致接口处不平整（见图 3-19、图 3-20）。

（3）特色的线——创意为先导产生的造型形态（见图 3–21 至图 3–23）。

图 3–21　金属椅

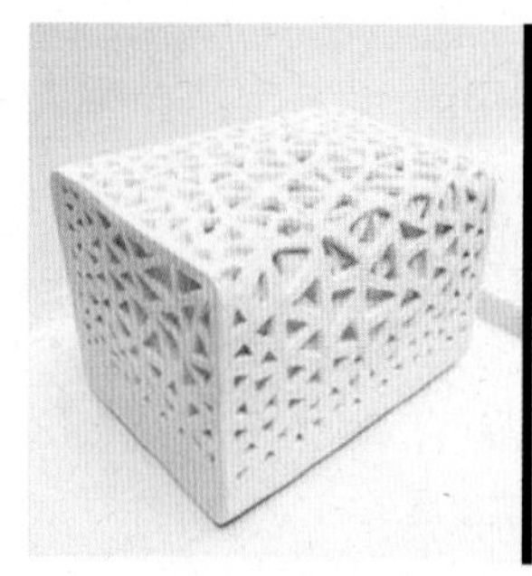

图 3–22　软体沙发

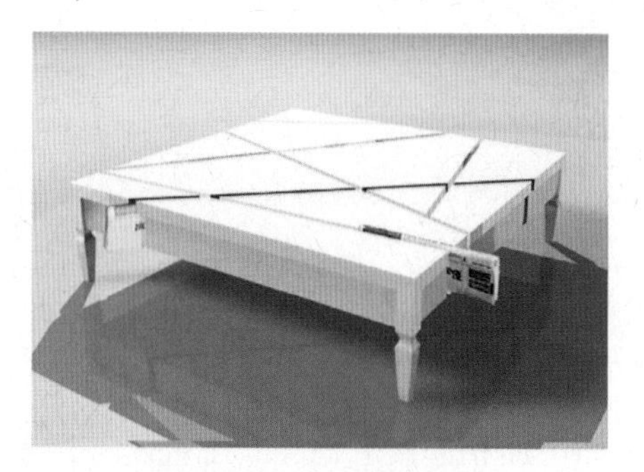

图 3–23　茶几概念设计

**小提示：** 在线的形态特征分析过程中，应按线的三种处理手法等知识点，对家具的整体或者局部造型进行分类。

### 3. 面在家具造型中的运用

面家具中的视觉表现形式，包括人造板材、金属板、塑料板材、玻璃板材等。

（1）构成整体形——由面构成家具整体形态。

如图 3–24 至图 3–26 均为曲木家具，家具的曲面造型构成家具的收纳功能和坐的使用功能。

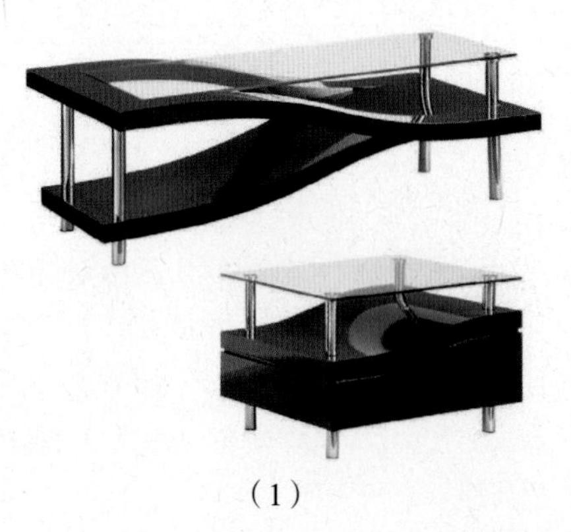

（1）

（2）

图 3–24　曲木家具

图 3-25　书架

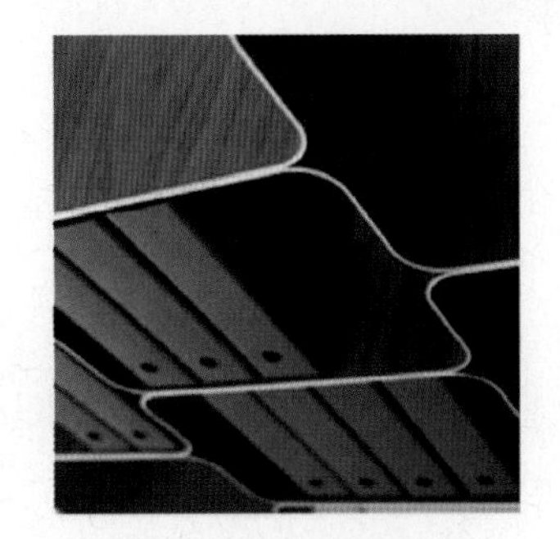

图 3-26　书架局部

（2）“正”面和“负”面——由点或线的运动及围绕着的骨架构成的面（见图 3-27、图 3-28）。

图 3-27　躺椅

图 3-28　茶几

（3）特色的面——创意为先导产生的造型形态。

特色的面就是随创意需要，造型主要借助于面的各种表现特征，产生一系列有特色并有家具使用功能的面（见图 3-29、图 3-30）。

图 3-29　曲木椅

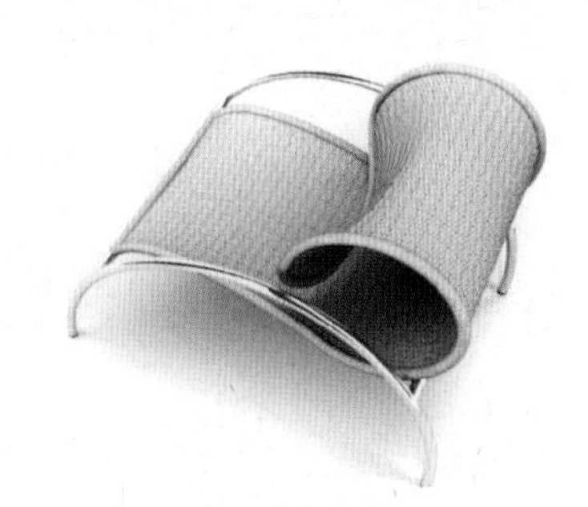

图 3-30　藤编椅

**小提示：**在面的形态特征分析过程中，应按面的三种处理手法等知识点，对家具的整体或者局部造型进行分类。

4. 体在家具造型中的运用

造型设计中的体分为实体和虚体。实体是指由块立体构成或由面包围而成的体。虚体是指由线构成或面、线结合构成，以及具有开放空间的面构成的体。虚体根据其空间的开放形式，又可以分为通透型、开敞型与隔透型。通透型即用线或用面围成的空间，至少要有一个方向不加封闭，保持前后或左右贯通。开敞型即盒子式的虚体，保持一个方向无遮挡，向外敞开。隔透型即用玻璃等透明材料围合的面，在一向或多向具有视觉上的开敞型的空间，也是虚体的一种构成形式（图 3-31）。

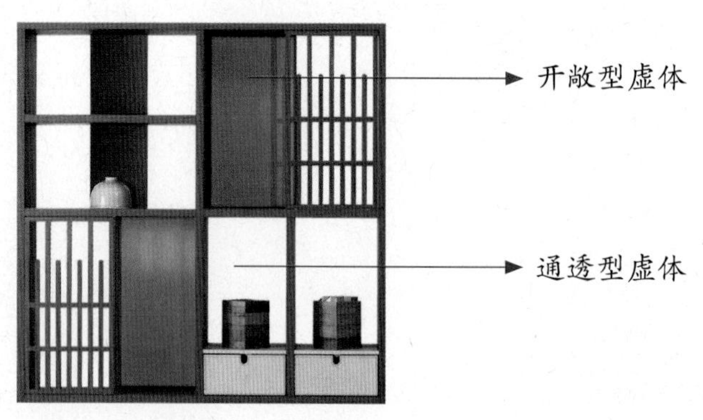


图 3-31　收纳柜（卢志荣）

体的虚实之分是视觉上体量感产生的决定性因素。实体突出的家具都会有非常稳定、庄重、牢实之感；虚体具有开放、方便、轻巧活泼的视觉感受。

（1）实体与虚体——体是其他形态要素的综合体。

在进行家具设计时，实体与虚体应该按照一定的美学规律进行设计。凡是各部分之体量虚实对比明朗的家具，会感到造型轻快活泼、主次分明、式样突出，有一种亲切感（见图 3-32 至图 3-34）。

图 3-32　办公桌

图 3-33　床头柜

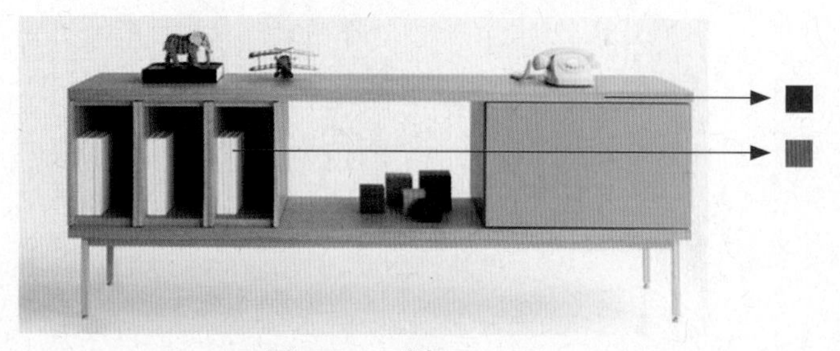

■ 实体，柜体。

■ 虚体，此处使用了“柜套柜”的设计手法，三个小柜可以独立取出使用。

图 3-34　边柜

（2）特色的体——随创意需要，造型主要借助于体的各种表现特征，产生一系列有特色的体（见图 3–35 至图 3–39）。

图 3–35 儿童沙发 1

图 3–36 儿童沙发 2

图 3–37 休闲沙发

图 3–38 毛毡布软体家具

图 3–39 公共茶具

## 二、家具造型设计的目的

形态设计的目的是创造出具有感染力的形态。对于形态的创造不是凭空想象，它需要家具形态创造的方法。

1. 组合法（加法）

图 3–40 组合法

组合法即家具各组件单元互不相交或包含，组件单元相互接合，在形体上没有互相依存的进一步联系，组合中各组件单元保持各自完整、独立的形态（见图 3–40 至图 3–42）。

图 3-41　沙发

图 3-42　户外 PE 藤家具

（1）形体组件组合。

形体组件组合即镶嵌组合，是指家具各组件单元之间相互重叠，即一个形体组件的一部分嵌入另一个组件中，使各组件单元相互连接，部分出现相应的交错，被嵌入的组件形体被切割，使整体表面产生相交线或相关线，各个形体之间产生一定的联系，并且增强家具的层次感（见图 3-43 至图 3-46）。

**知识拓展：**

镶嵌：将一个物体嵌入另一个物体中，使二者固定。镶是指把物体嵌入，嵌是指把小物体卡紧在大物体的空隙里。镶嵌多用于工艺制作术语，也称屏雕。又指工艺方法，如机械镶嵌法和树脂镶嵌法等。

图 3-43　组合沙发 1

图 3-44　组合沙发 2

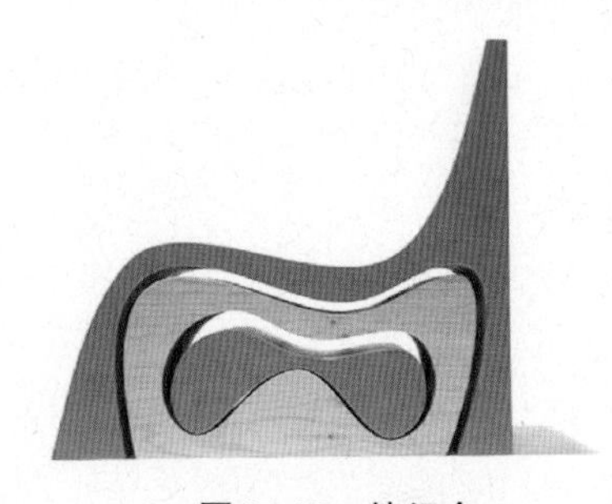
图 3-45　椅组合 1

图 3-46　椅组合 2

（2）元素积聚组合。

元素积聚组合是以单个基本形体按线组成的不同造型做空间运动，聚积成为一个整体的造型方法。元素积聚组合具有较强的节奏感和韵律感，分为重复积聚、近似积聚和渐变积聚三种类型（见图 3-47 至图 3-51）。

图 3-47　屏风

图 3-48　沙发 1

图 3-49　沙发 2

图 3-50　组合茶几

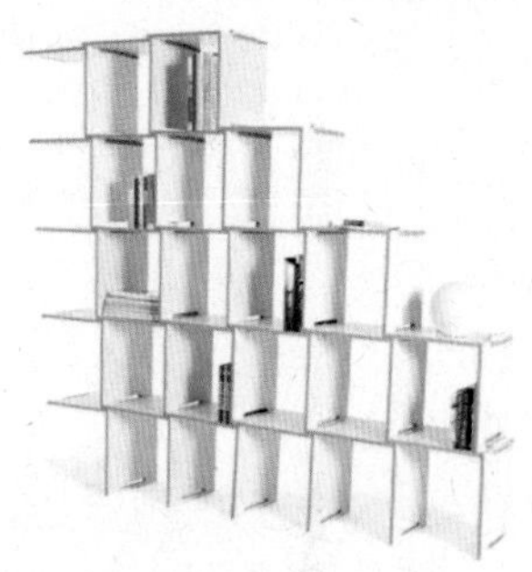

图 3-51　组合书架

2. 剪切法（减法）

剪切法是指正形与负形共存的现象，或者说是一个形态的一部分被另一个形态（或这个形态的一部分）所遮盖的现象（见图 3-52）。如图 3-53 运用两体相减的剪切法进行设计，使家具产生“坐”的功能界面。

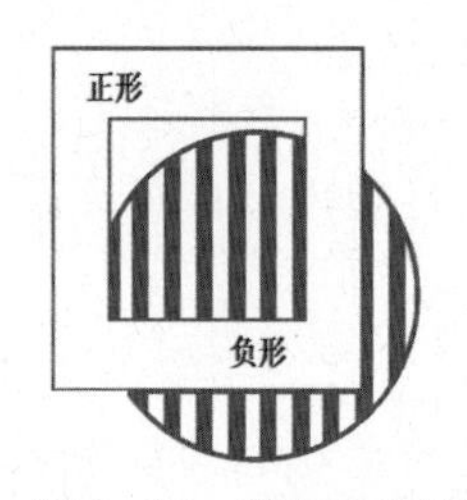


图 3-52　剪切法原理

图 3-53　剪切法设计椅

常见的家具剪切法可以分为以下几种：

（1）分割与重构。

分割在家具设计运用中可以理解为分割与重构的过程，其过程就是形体的“破”与“再立”。我们在处理已经固定又缺乏突破的形体时，往往可以采用分割的方法，使之产生新的生机。当然，分割不是目的，重构才是目的（见图 3-54、图 3-55）。

图 3-54　户外家具组合 1

图 3–55　户外家具组合 2

重构设计：重构设计，就是在原先的设计基础上做进一步的调整。成功的重构设计可以获得更好的提升效果，如图 3–56。

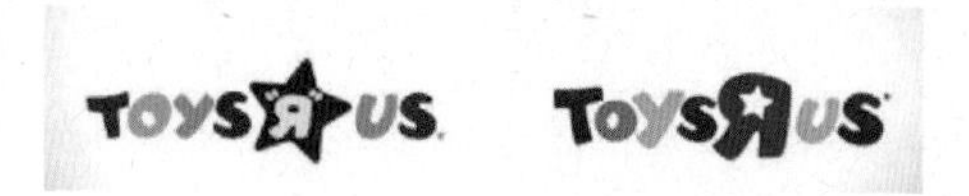


原 logo　　　　　　重构设计后

图 3–56　重物 logo

解构主义：这一概念最初于 1967 年由一位法国哲学家雅克・德里达提出。早在 19 世纪末尼采宣称“上帝死了”，并要求“重估一切价值”，他的思想给德里达提供了叛逆和颠覆的源泉。德里达反对形而上学、逻各斯中心，以及其他一切封闭僵硬的体系，主张拓展、构建、自由等。因此“解构主义”注重个体、部件本身，反对总体的统一，这是对结构主义的挑战。解构主义者们认为需要“打破现有的单元化的秩序”，创立全新的、更加合理的秩序。

解构主义作为一种艺术风格，兴起于 20 世纪 80 年代。主要是表现在建筑设计方面：它打破传统的线面秩序，将所有元素重组，建造成一个新的表现形式。同时，它把这种不确定的、强调个体部分的集合归纳创作成一个全新的、生命力旺盛的作品。

（2）切割。

切割是剪切过程中直接去掉一部分基本型的方法，这是真正意义上的“减法”造型过程，在体量上表现为减少，形成的形体存在减缺、消减、穿孔等形式。

借用剪切的方法，可以使家具形体凹凸分明，层次丰富。要注意这种方法适合用于外形相对单纯的形体中，如柜体和沙发。在运用时要注意形态的整体性，避免琐碎，使造型产生同一感（见图 3–57 至图 3–59）。

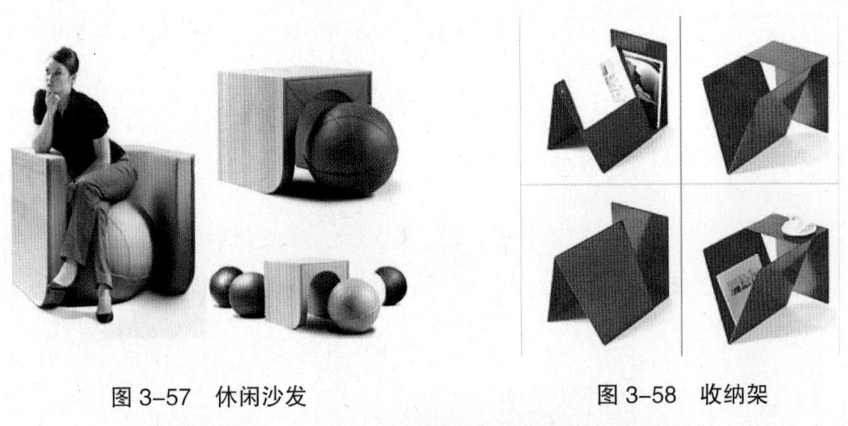

图 3–57　休闲沙发

图 3–58　收纳架

图 3–59　床设计

在家具造型中，可以对基本形 wdt 进一步的变形处理。所谓变形就是通过扭曲、膨胀、内凹、成长、折叠、倾斜、盘绕等手法，对基本形态的线、面、块进行改变的造型方法，使形态发生不同变化。

**三、家具创新思维**

1. 沿用设计

沿用设计即是在已获成功设计的启发下，学习借鉴他人成功的经验和已有的成果展开沿用设计，对同类家具进行改良。现实中尽管创新家具层出不穷，但沿用设计的家具却占大多数。如办公椅中海星脚的结构形式被广泛地使用。

2. 模拟设计

模拟与仿生是指人们在造型设计中，借助于自然界中的生物形象、事物形态进行创作设计的一种手法。

现代家具造型设计运用模拟与仿生的手法，仿照自然界和生活中常见的某种形体，借助于动植物的某些生物学原理和特征，结合家具的具体结构与功能，进行创造性的构思、设计与提炼，是家具造型设计的重要手法，也是现代设计对人性的回归。

模拟与仿生的共同之处就是模仿，模拟主要是模仿某种事物的形象或暗示某种思想情绪，而仿生重点是模仿某种自然物合理存在的原理，用以改进产品的结构性能，以此丰富产品，使造型式样具有一定的情感与趣味。

模拟是较直接 f 模仿自然形象或通过自然的事物来寄寓、暗示、折射某种思想感情，是家具造型设计中强调事实的一种艺术手段。模拟手法的应用，不仅是照搬自然形体的形象，而是要抓住模拟对象的特点进行提炼、概括和加工，用最简洁优美的形式塑造耐人寻味的家具形体。

直接模仿是对同一类别家具进行模仿。直接模仿要求我们发挥形象思维的优点，用心体会优秀设计的形态精髓，找到隐藏在形态里的设计理念。而家具的直接模仿就是从以往的家具中寻找设计灵感，模仿其形式、概念或方法。

图 3–60　边柜

边柜（图 3–60）是柜中柜的设计。

电视柜（图 3–61）同样运用柜中柜的设计方法，增加柜体的空间使用率。

图 3–63 孔雀椅吸收学习了温莎椅（图 3–62）靠背的梳背设计，并融入孔雀尾巴的圆形元素，在原设计上进行创新。

图 3–61　电视柜

图 3–62　温莎椅

图 3–63　孔雀椅

间接模仿是对其他类型家具或其他事物的某些原理、形式、特点加以模仿，并在其基础上进行发挥、完善，产生另外的不同功能或不同类型的家具。

### 3. 仿生设计

仿生设计是从生物的现存生态中受到启发，在原理方面进行深入研究，然后在理解的基础上，应用于产品某些部分的结构与形态上。如蜂窝结构，蜂房的六角形结构不仅质轻，而且强度高，造型规整。又如仿照人的脊椎骨结构，设计支撑人体家具的靠背曲线，使其与人体完全吻合（见图 3–64）。

图 3–64　仿生实木家具设计

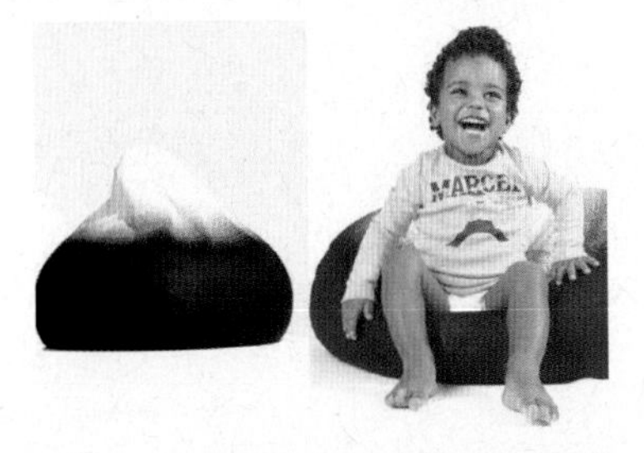

图 3–65　冰山形态的“充气式”沙发

图 3–65 冰山沙发的设计来源是位于瑞典东部海拔 2 012 米的瑞典最高山——凯布讷山，它给设计师带来了创意灵感，制作的创意冰山沙发也很像布织的泡芙。现在，即使是一个小朋友不去户外爬山也都能在家里爬凯布讷山了。

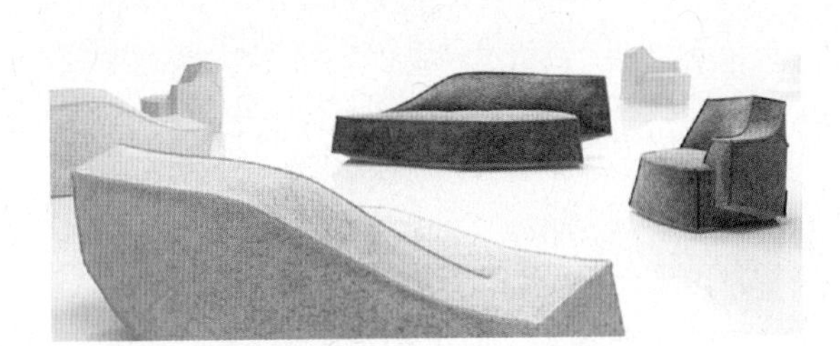

图 3–66　“山脉”沙发设计

图 3–67　沙发

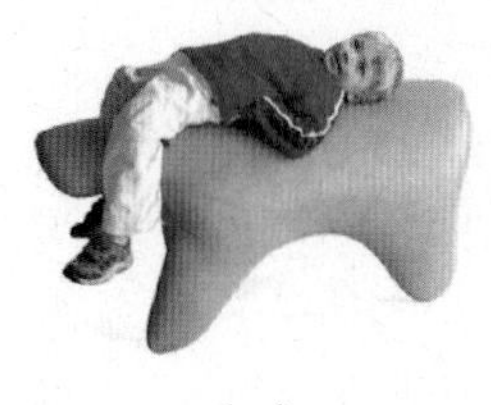

（1）

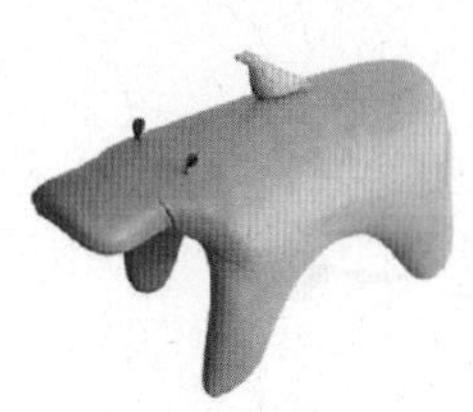

（2）

（3）

（4）

图 3–68　ROSMA GUTIERREZ 儿童趣味家具设计

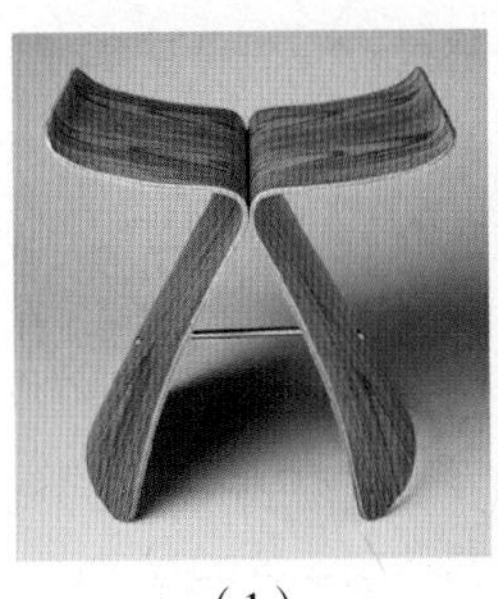

（1）

（2）

（3）

图 3–69　“蝶”主题家具设计

4. 移植设计

移植是指将一个领域中的原理、方法、结构、材料、用途等移植到另一个领域中去，一般指把已成熟的成果转移到新的领域中。移植的原理是现有成果在新目的和新情境下的延伸、拓展和再创造，用来解决新的问题。

移植在家具设计中分为原理移植、功能移植、结构移植、材料移植、工艺移植等。移植并非简单的模仿，其最终的目的在于创新。在具体实施中要将事物中最独特、最新奇和最有价值的部分移植到其他事物中去。

（1）横向移植。

横向移植即在同一层次类别的产品内的不同形态与功能之间进行移植。

设计手法在所有设计中都是共通的，如图 3–70 与图 3–71，两个柜子柜门都是隐藏式的卷帘结构，真正的柜体藏在柜门内。

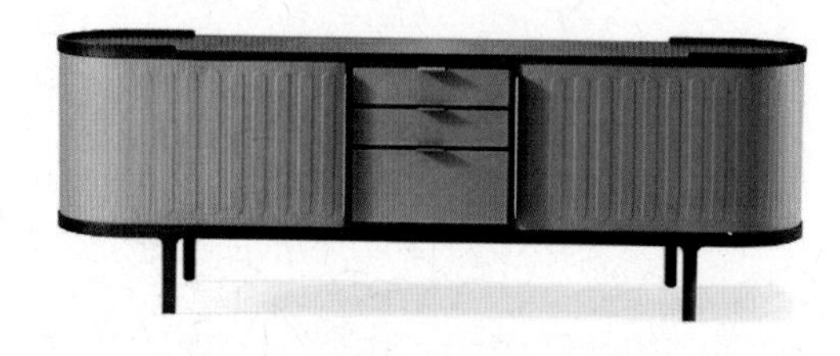

图 3–70　边柜

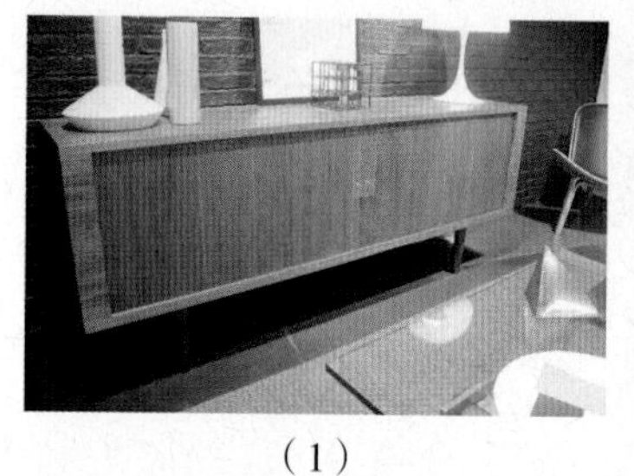

（1）

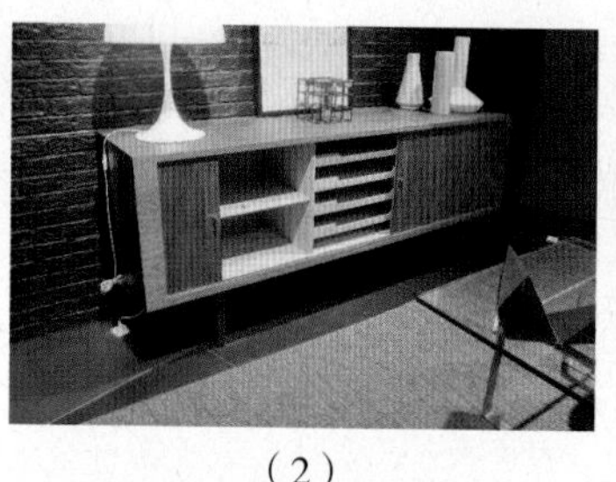

（2）

（3）

图 3–71　米兰家具边柜

如图 3–72 移植了纸家具设计中“卡接”结构，由于曲木具有更好的强度和韧性，所以卡接而成的茶几既降低生产成本，又美观实用。图 3–73 中实森木茶几移植了实木家具“圆棒榫木桌接”的结构，茶几可以堆叠使用，同时还可以拆分使用。

图 3–72　曲木茶几

图 3–73　茶几

（2）纵向移植。

纵向移植是在不同层次类别的产品之间进行移植，因此在设计的时候更不容易找到移植点，需要设计师对生活有非常细致的观察，找出不同产品可以共通的原理与功能，以此找到移植方法的设计出发点（见图 3–74 至图 3–77）。

（1）　　（2）

图 3–74　纵向移植法的家具设计

（1）　　（2）　　（3）

图 3–75　餐厅桌子设计

图 3–76　书架

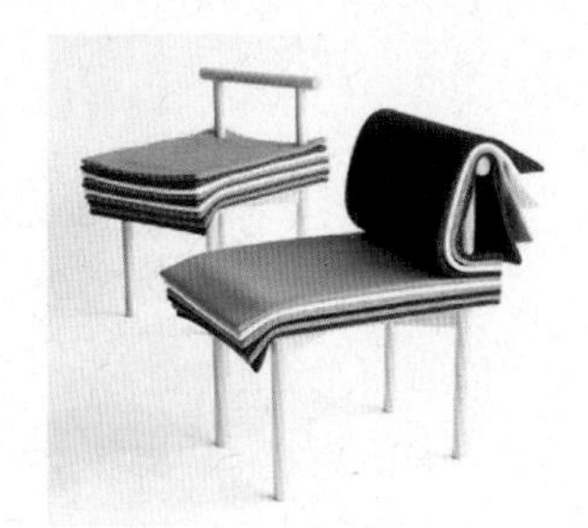

图 3–77　椅概念设计

5. 替代设计

在家具产品开发设计中，用某个事物替代另一个事物的方法称之为替代。替代要运用逻辑思维的分类与比较、分析与综合方法，在构思中分析所要替代和被替代对象的各个部分或差异性等，通过比较共同点和差异点，更好地认清事物的本质，综合地加以考察。

材料替代是家具产品设计开发过程中常见的一种方法，就是用一种材料取代另一种材料，也是应用最为广泛的一种方法。这种方法在材料工业迅速发展的今天，具有强大的活力。尤其在产品的外观设计当中，尝试应用不同的材料，赋予产品截然不同的外在品质，常常会收到意想不到的效果。

在材料不断更新换代的时期，新材料是指那些新出现或已在发展中的，具有传统材料所不具备的外观形式、优异性能或者特殊功能的材料。材料的改变和进步从设计角度上说就是材料替代设计构思方法。家具设计中通常使用的材料无外乎木材、金属、塑料、竹、藤、玻璃、石材、皮革、织物等。在改变其材料属性的同时，对替代设计也会产生新的要求（见图 3–78、图 3–79）。

图 3–78 北京服装学院展览家具图

（1） （2）

图 3–79 同济大学展览家具图

6. 模块化设计

家具模块化指的是模块通过标准化的接口组合成家具的设计方法。组合方式不同，最终获得的家具形式也不同，因此模块化设计能迅速实现家具的多样化（见图 3–80 至图 3–82）。

模块化组合方式有层叠式、装架式、拼装式、嵌套式、外插式。

图 3–80 层叠式设计

（1）

（2） （3）

图 3–81 拼装式设计

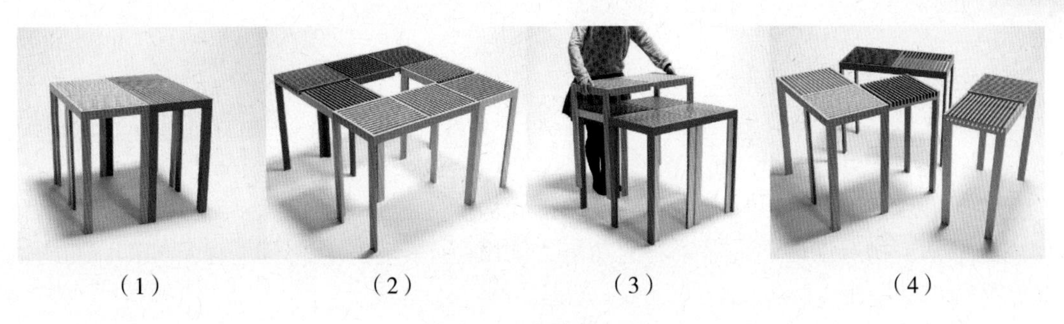

（1）　（2）　（3）　（4）

**图 3–82　嵌套式设计**

7. 概念创新设计

在人类发展史中，家具始终扮演着重要的角色。家具是人类在生产、生活过程中创造出来的。因此，家具在不同的时代有着不同的含义，需要设计师去创造，创新是设计永恒不变的主题，家具设计的创新也意味着生活方式的创新。所有的概念创新，必须以客户需求为前提，如图 3–83，中国风水素有“镜子不对床”的说法，在住宿空间日益紧张的都市生活中，为了增加梳妆台可使用范围，设计师把梳妆台的镜子设计成可收纳式，镜子的收纳同时带来人与家具的互动，增加了家具的趣味。

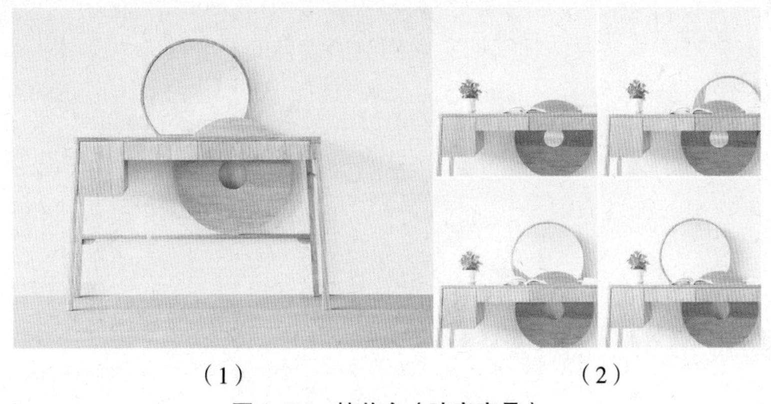

（1）　（2）

**图 3–83　梳妆台（吱音家具）**

## 四、细部设计

1. 细部与功能

家具细部是一个相对概念，指的是家具整体中加以局部处理的外观部分，可以是实实在在的单元构件，也可以是单个的造型元素，是被单独考虑的具有独立功能的细小部分。

从家具细部的功能上分析，主要包括物质功能和精神功能两大方面。物质功能主要指的是细部的使用目的和特殊用途，能满足人使用需要的部分，包括结构、组合连接、形体构成等，体现的是一种物质层面的满足，是使家具能用、好用、适用方面的内容，如起连接构造作用的榫卯细部结构等。家具细部的精神功能则是相对更高层次的精神方面的内容，它可能不会产生什么实际的使用价值，往往是一种精神体验的象征，指的是家具细部满足人们审美及文化需求方面的功能，通过家具细部的造型因素影响人的心理感受，体现一定的文化含义或形式美感，传递约定俗成的信息，是情感、精神、品位等的象征。

2. 细部与造型设计

“宏观不失控，细节出精品”，说的就是一个好的家具设计作品，不仅要从宏观上、整体上、系统上去把握，还要从元素上、细节上下功夫，做好家具细部造型的设计。

任何家具细部都可以划分成装饰性细部和构造性细部。装饰性细部是对家具起美化作用的细部；构造性细部是对家具的功能、结构、操作形式起作用的家具细部；而构造装饰性细部则是兼具两种功能的细部（见图 3–84、图 3–85）。

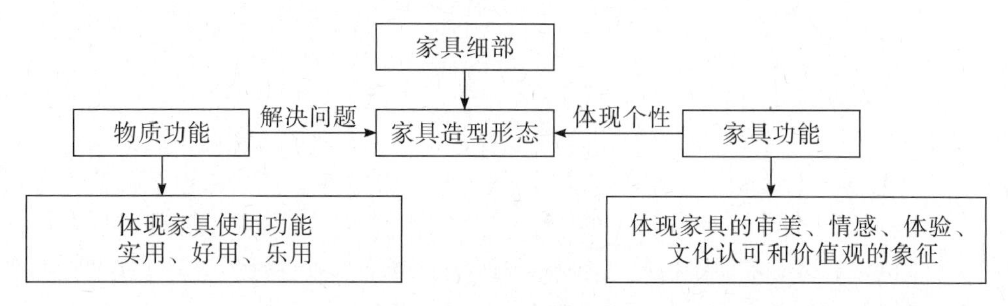


图 3–84 家具细部分析

如图 3–86 是丹麦著名设计师汉斯·威格纳所设计的花蕊椅，从整体上看是一个仿生的簇丛花蕊形态的椅子设计；从细部结构上来分析，每个组成整体形态的细部单元又各成一体，体现了材料与工艺美，且传达着浓浓的自然情趣和生态观念。

图 3–85 床头柜　　图 3–86 花蕊椅（汉斯·威格纳）

（1）细部的分类。

① 装饰性细部。

装饰性细部是指为了呼应家具大造型形态的细部的装饰结构。如图 3–87 细部天鹅的扶手造型为呼应家具的风格造型而产生。如图 3–88 中卢志荣先生设计的圆形茶几，收纳空间的开合结构和把手细部圆的造型，起到很好的形态统一和细部装饰性效果。图 3–89 也很好地体现了大造型形态的细部装饰性。

图 3–87　天鹅扶手椅

图 3–88　茶几（卢志荣）

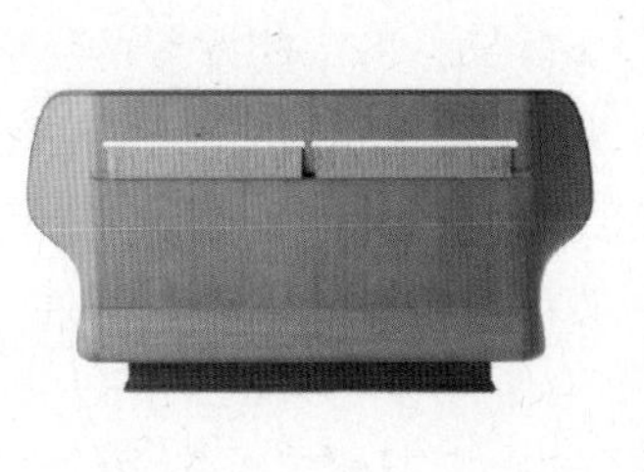

（1）

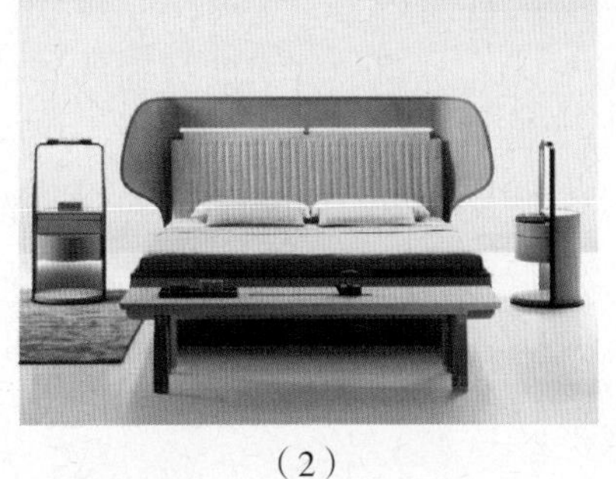

（2）

图 3–89　床（卢志荣）

② 结构性细部。

结构性细部是指在结构上起着一定连接作用的部位，如人体的关节、家具中的榫卯就是结构上的连接细部。

a. 连接细部：是指由于不同的家具功需求之间相连接从而导致新的形态产生的部位。不同功能部分之间的拼接是造成连接关系的最根本的原因。

结构性细部不仅仅是家具设计中应理性解决的技术部位，而且这些部位正是形态操作中进行变化的主要部位。如腿部与桌面（见图 3–90）、靠背与坐面、扶手与坐面、扶手与靠背等。如图 3–91 设计师用色彩与木纹走向突出扶手与腿零件间榫接的细部，增加了家具的观赏性。

（1）

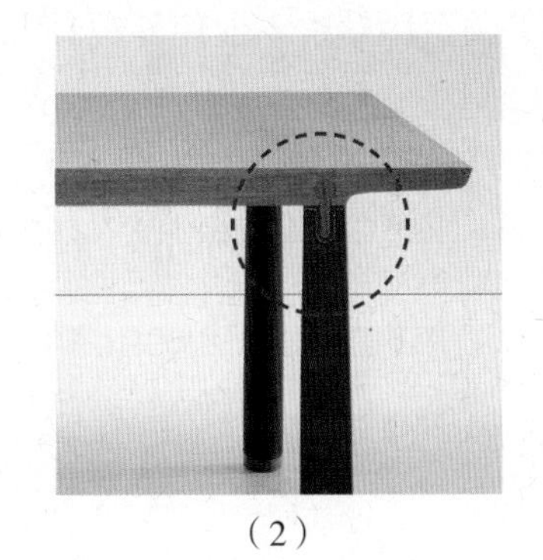

（2）

图 3–90　结构性细部

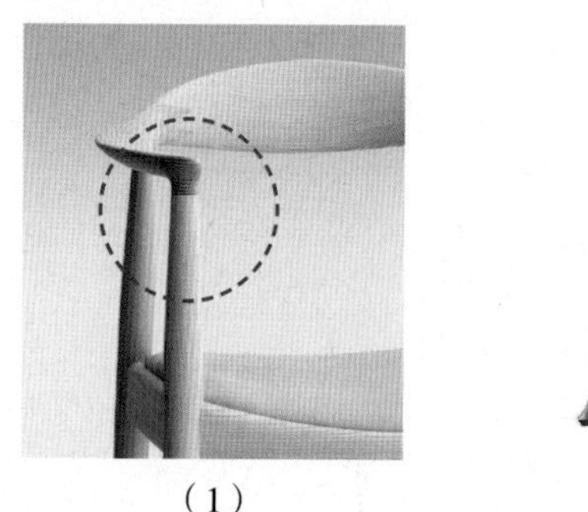
（1）

（2）

图 3-91　扶手与腿的连接细部

在家具设计中，如果放弃对此类细部的关注而专心于一些虚假的、表面的装饰，就会让人有“金玉其外，败絮其中”之感；相反，处理得好的结构连接细部就可以较好地反映出家具设计师的构思，使时代变迁的痕迹得到升华。

b. 穿插处细部：在同一个面上，不同方向的构件相互连接时，其连接点既是原先那些构件上的一部分，又由于二者的相互叠加而拥有了两个构件的某些特征。如图 3-92 中椅子的零件“鹅颈”穿过座面，直接榫接到横枨处，丰富了椅子侧面的造型。

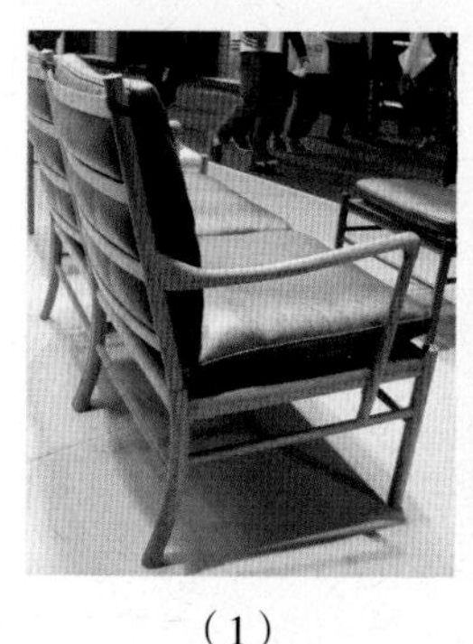
（1）

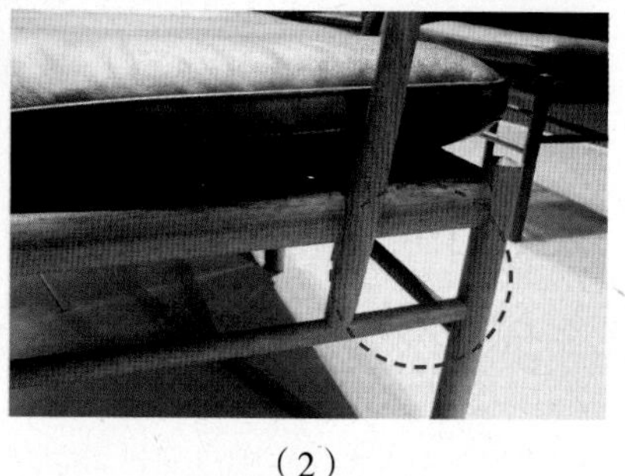
（2）

图 3-92　实木椅扶手细部设计

图 3-93 中此实木床的床腿设计同样巧妙地使用了床面与床腿顶视图“交集”关系，这种关系既不是传统的包含关系，也打破了分离关系（具体请看家具细部造型分析图解——椅子腿的关系图解）不但使外观具有创新性，还加强了床的牢固性。

（1）　　（2）

图 3-93　床（吱音）

c．材料的接合处细部：由于材料作为细部乃至家具整体形式的载体，其作用不容忽视。在处理形式时就不可避免地要对材料之间的关系做出交代，而交代的好坏与清晰与否又会反过来影响形式的表现力。如图 3–94、图 3–95，设计师用不同的尺寸突出零件的榫接处，达到装饰的功能。

图 3–94　接合处局部

（1）

（2）

图 3–95　家具零件接合处

d．形状的变化处细部：指家具因功能、结构或造型元素呼应等原因所需要的造型变化的细部。如图 3–96 至图 3–98 床头柜整体的造型以圆和方中导圆角的形态为主，设计师进行设计时对细部如柜门的边角同样进行"导圆角"处理，体现了设计师的细腻与对产品极高的造型要求。

图 3–96　酒柜顶造型局部

图 3–97　床头柜 1（吱音）

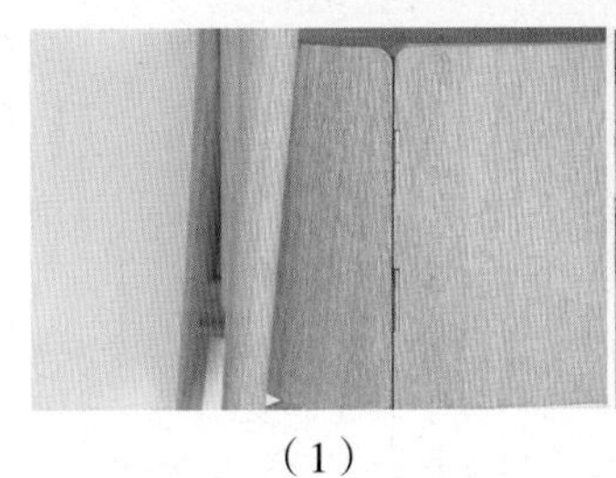

（1）

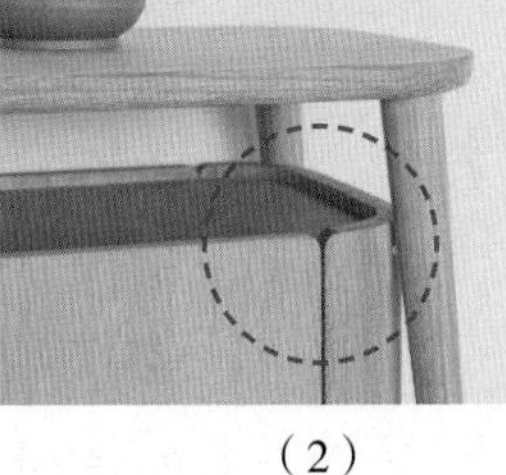

（2）

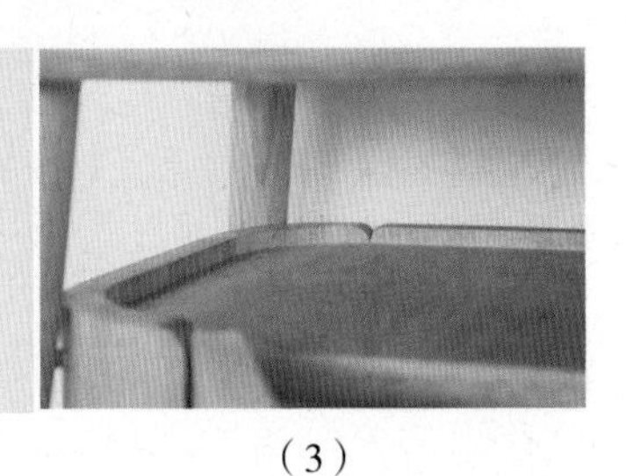

（3）

图 3–98　床头柜 2（吱音）

（2）细部处理方法。

① 通过材质和色彩的区分处理。

家具的细部如材料的接合处细部和形状的变化处细部常通过材质和色彩的区分来处

理细节的变化，达成使细节提升产品的观赏性和价值感的效果。如图 3–99、图 3–100 材料的接合处——材料的榫接位通过色彩的区分，强调榫的造型，增加了细部的观赏性。

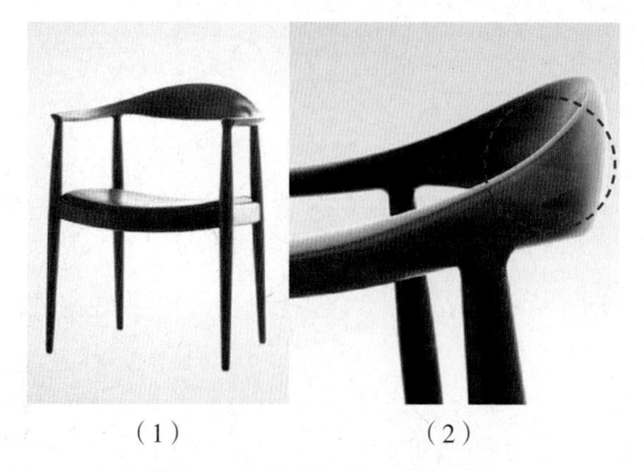

（1）　　（2）

图 3–99　椅（汉斯·威格纳）

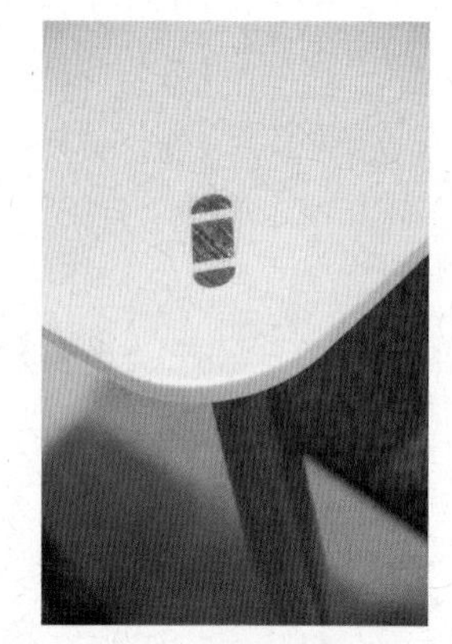

图 3–100　家具腿榫接局部

② 通过造型变化处理。

造型直接过渡，由一个面到另一个面，或一个形体到另外一个形体直接转换，不用第三个面或形体过渡。如图 3–101 椅子扶手用直接过渡的方法，相交线轮廓清晰，更具装饰性。

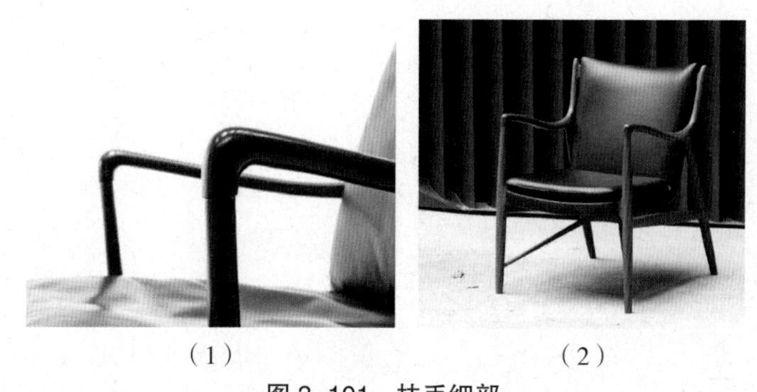

（1）　　（2）

图 3–101　扶手细部

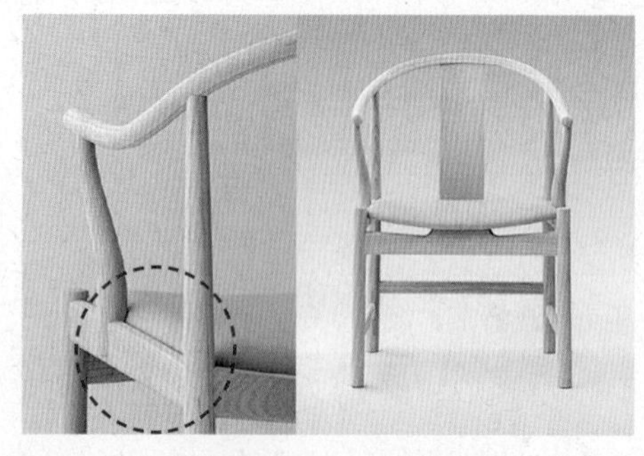

图 3–102　扶手直接过渡

图 3–103　扶手间接过渡

**知识拓展：**

从家具细部造型的角度思考，对比汉斯·威格纳设计的两款椅子（见图 3-102 和图 3-103），细部插接处的处理会引起家具其他细部造型的哪些变化？为什么？

③ 通过连接件过渡处理。

通过连接件过渡处理，常通过榫卯或五金连接件来进行处理（见图 3-104、图 3-105）。

（1）　（2）　（3）

图 3-104　金属连接过渡　　图 3-105

在设计过程中，为了让家具细部造型与家具的风格与造型元素达到统一、和谐，在设计细部造型时把造型元素如导圆角、斜线、直线线条等在细部造型中出现，体现造型元素的统一、呼应。如图 3-106、图 3-107 细部造型体现圆柱体基本造型元素的统一。

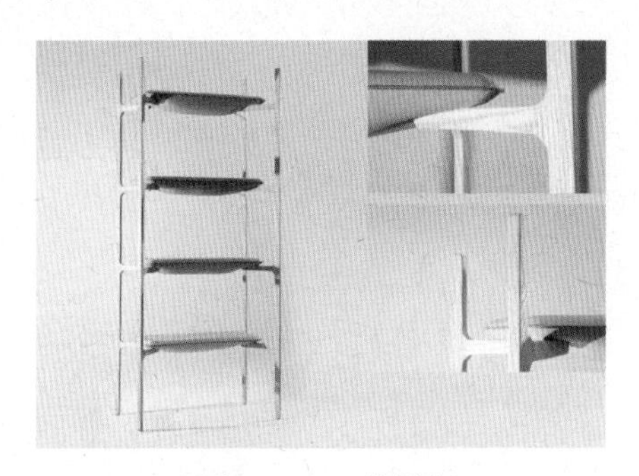

图 3-106　收纳架

图 3-107　收纳架细部

（3）家具细部造型分析（图解）。

通过统计学方法的统计与分析，我们可以找到家具各部分造型设计的规律与方法，这些都是指导我们进行家具造型设计的有效且重要的信息。以下以实木椅细部造型为例，把实木椅子分成扶手、靠背、横枨、腿等四部分空间进行造型的统计与分析。

① 扶手。

a. 扶手造型（见图 3-108）。

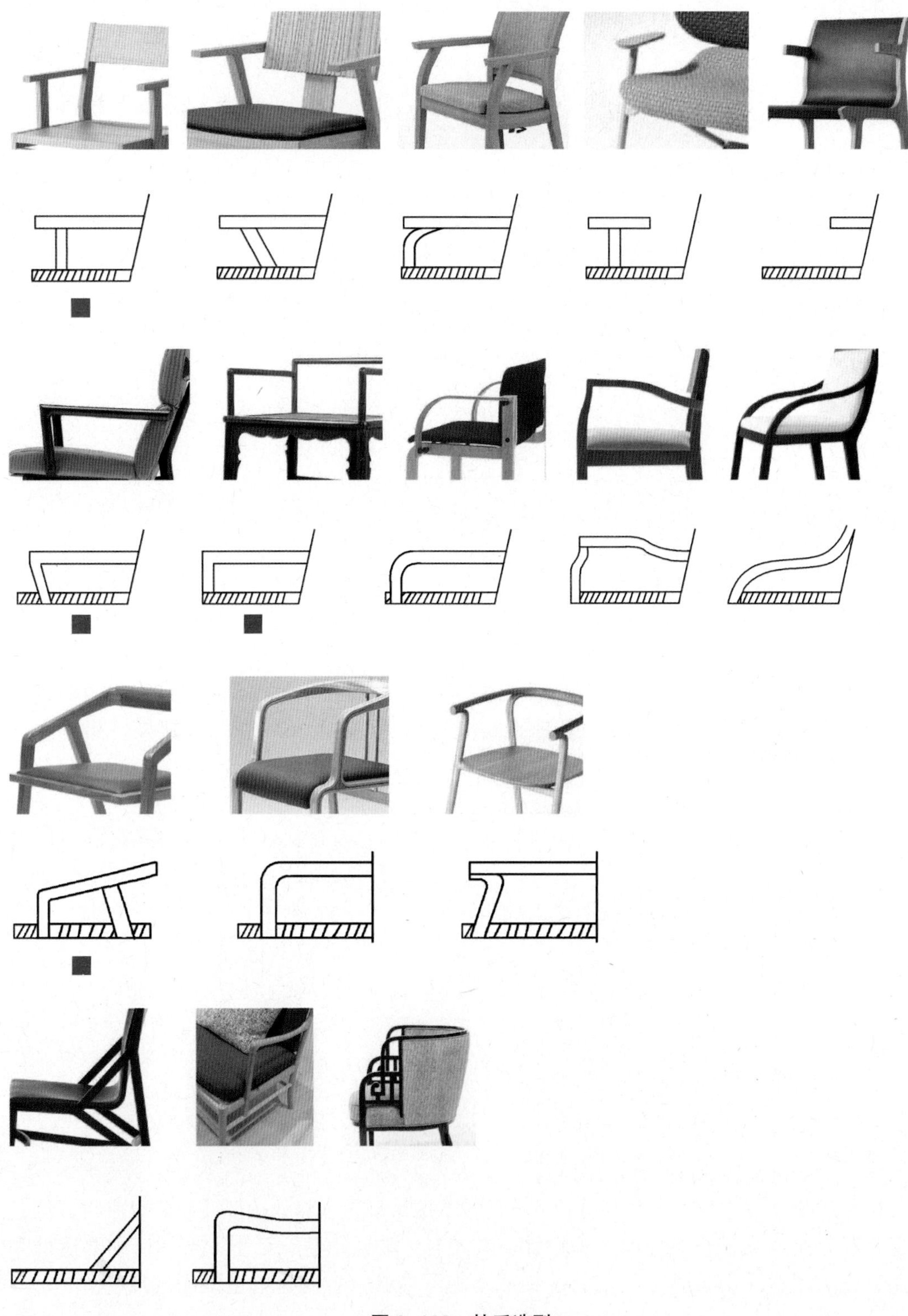

图 3-108　扶手造型

注：■标注为常用的造型处理手法。

b. 扶手中虚空间造型（见图 3-109）。家具中虚空间是设计过程中常被忽略的可设计部分，充分设计虚空间，较易带来造型上的亮点。设计师可通过线与面两种元素进行设计。

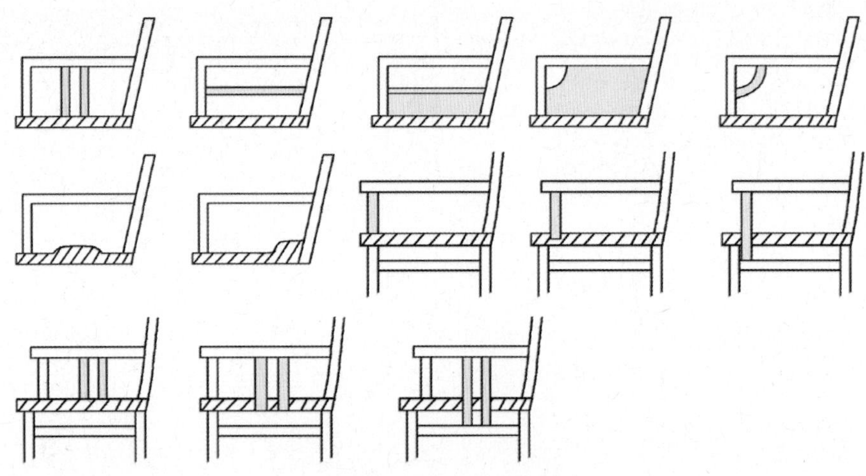

图 3-109　扶手中虚空间造型

② 靠背。

细部靠背在做造型设计时以使用舒适为前提，靠背是椅子非常重要的视觉中心，设计时注意虚实的节奏与粗细尺度比例的把握。

a. 以线元素为主要造型元素——横线（见图 3-110）。

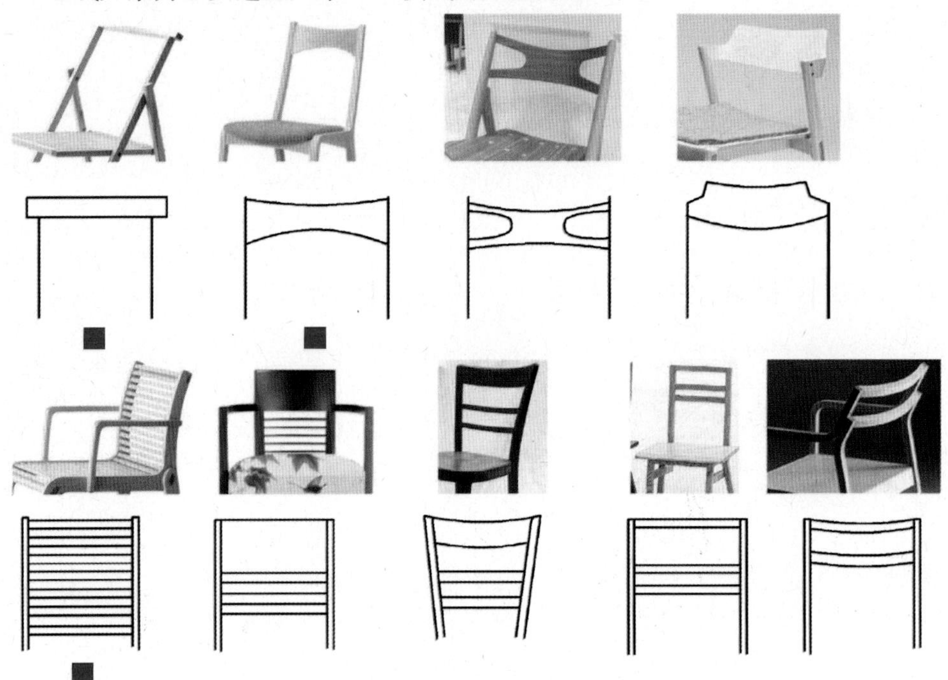

图 3-110　以横线为主要造型元素的靠背

注：■标注为常用的造型处理手法。

b. 以线元素为主要造型元素——竖线（见图 3–111）。以竖线为主的靠背细部造型中，以单纯一片靠背板与“梳背”靠背最常见。设计时应注意与扶手等几个空间位置的造型元素相统一。

图 3–111　以竖线为主要造型元素的靠背

注：■标注为常用的造型处理手法。

c. 以面元素为主要造型元素——实面、虚面（见图 3–112）。

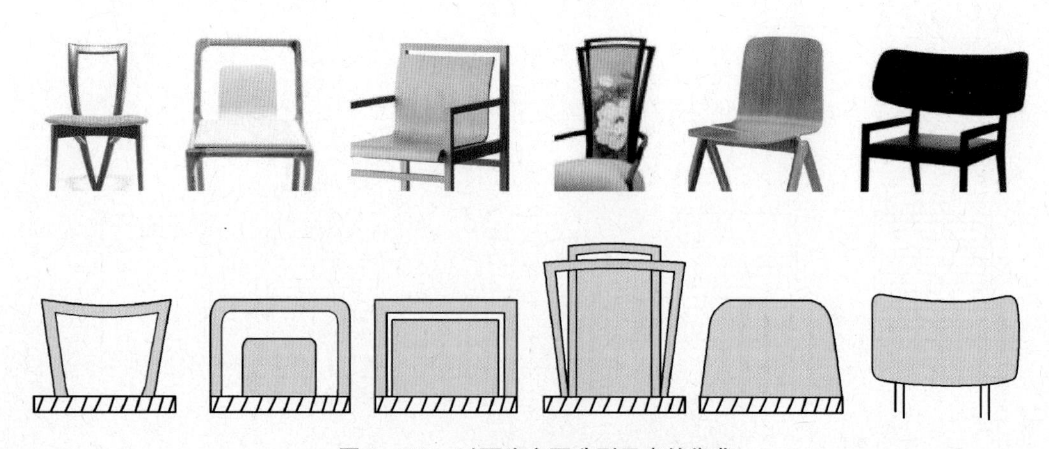

图 3–112　以面为主要造型元素的靠背

③ 横枨。

横枨是椅子设计的重点之一，地位紧跟靠背与扶手之后，设计横枨造型时注意，根据家具的风格定位，通常情况以平直线为主的横枨多用于中式、新中式等风格；以斜线为主的横枨多用于简欧风格，而现代风格两者皆用。

a．以平直线条为主的横枨（见图 3–113）。

图 3–113 平直线横枨

b．以斜线为主的横枨（见图 3–114）。

图 3–114 斜线横枨

④ 椅子腿。

a．腿与坐面的关系（见图 3–115）。腿与坐面的关系中，如图 3–115（1）“包含”是最古典的组合形式，相离与相切更多出现于简欧与现代风格家具造型设计中。

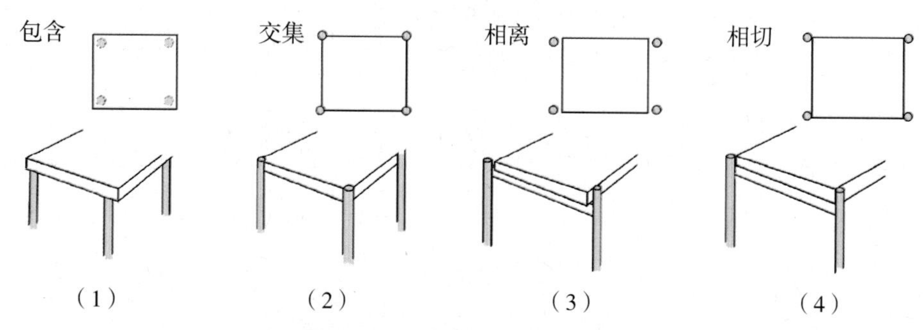


图 3–115　椅子腿与坐面的关系

b．后腿造型（见图 3–116）。

图 3–116　椅子后腿造型

c．前腿间壶口造型（见图 3–117）。壶口空间的造型以图 3–117（1）、图 3–117（2）最常见也最简单，壶口选择“繁”或“简”的造型必须根据椅子其他空间的造型繁简而定，其他空间设计元素丰富，壶口宜“简”。

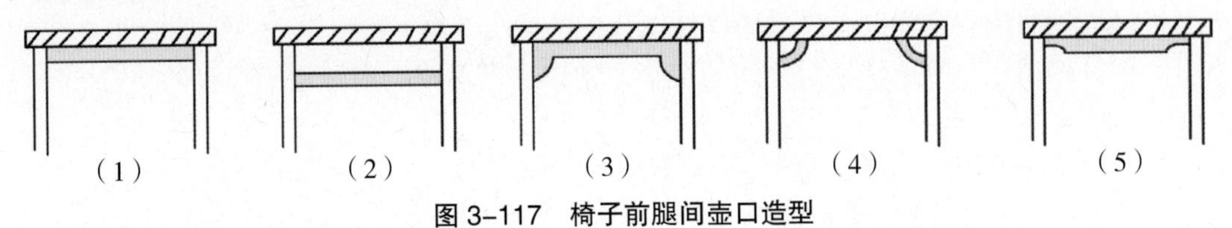

图 3–117　椅子前腿间壶口造型

### 五、家具结构设计

家具是由各种不同形状和规格尺寸的零部件构成的。零部件之间通过不同的接合方式组合成一个整体。不同的材料有不同的接合方式，接合方式的选择不仅须考虑家具制作材料，也须考虑工艺、销售模式和运输成本。零部件之间的连接称为接合。接合方式的选择是结构设计的重要内容。

1．实木框架式家具的结构设计

（1）实木家具的接合方式。

木质家具常用的接合方式有榫接合、胶接合、圆钉接合、木螺钉接合、连接件接合。

榫接合：榫接合指榫头嵌入榫眼（或榫槽）的接合方式（见图 3–118）。

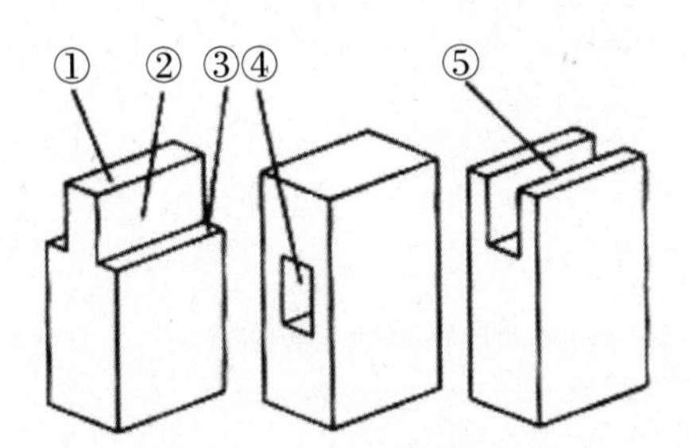

榫头各部分名称：①榫端、② 榫颊、③ 榫肩、④ 榫眼、⑤ 榫槽

图 3–118　榫接合部件

（2）榫头的种类。

根据榫头的形状分类，有直角榫、燕尾榫、指形榫、椭圆榫、圆榫（见图 3–119）。

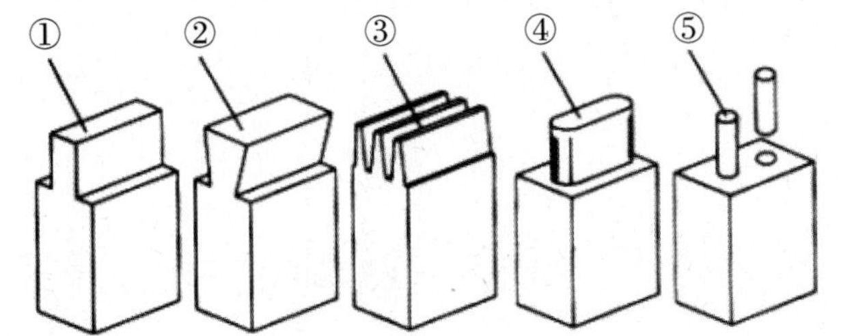

分类：①直角榫；② 燕尾榫；③ 指形榫；④ 椭圆榫；⑤ 圆榫

图 3–119　榫头分类

①直角榫：最基本的形式，加工方便，接合强度大，在方材端部直接加工而成。

②燕尾榫：榫头呈梯形或半椎形，接合后可起到卡紧作用，不使榫头脱开。常以多榫形式应用于箱盒的角部接合（见图 3–120）。

燕尾榫的厚度与直角榫基本一致，为零件厚度的 0.4 ～ 0.5 倍。

榫颊与榫肩成一定角度，一般为 75° ～ 80°。

燕尾榫的用途：多用于板材之间的接合，常以多榫形式出现，用于板材的接合。

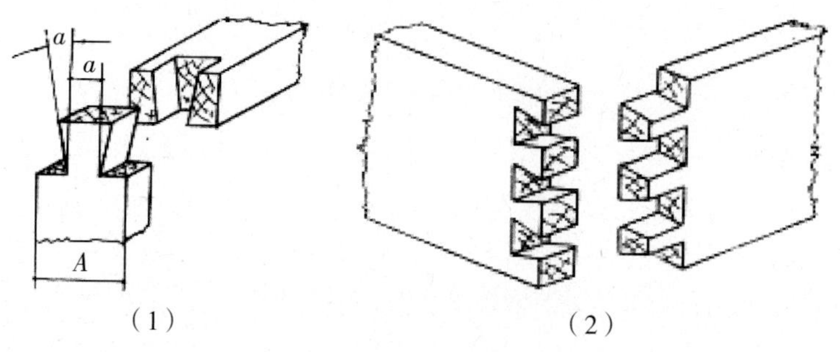


图 3–120 燕尾榫

③椭圆榫：两榫侧为半圆柱面，榫孔两端与之相同（见图 3–121）。

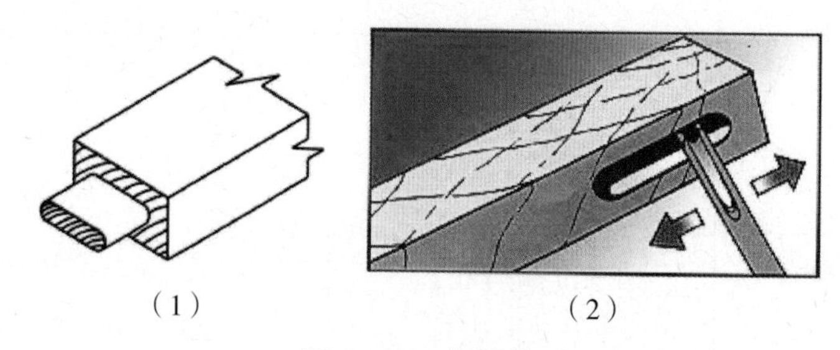


图 3–121 椭圆榫

④圆榫：用其他材料加工后插入方材之中。为了提高接合强度和防止零件扭动，采用圆榫接合时需有两个以上的榫头。

圆榫的优点：节约木材；加工方便；简化工艺过程；为家具部件化装饰和机械化装配创造了有利的条件。

圆榫的类型：螺旋压纹、网状压纹、直线压纹、光面、沟槽（铣削直槽）、螺旋沟槽（铣削螺旋槽）（见图 3–122）。

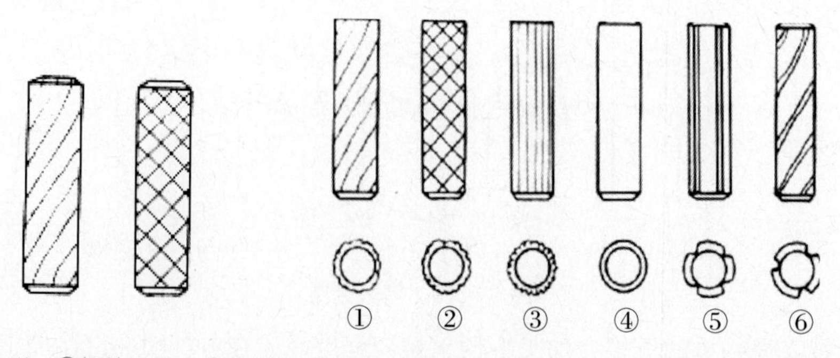


类型：①螺旋压纹；② 网状压纹；③ 直线压纹；④ 光面；⑤ 沟槽；⑥ 螺旋沟槽

图 3–121 圆榫的类型

圆榫的直径、长度如图 3–123，直径 $d$ 为板材厚度的 0.4 ~ 0.5 倍，目前常用规格有 ϕ6、ϕ8、ϕ10。

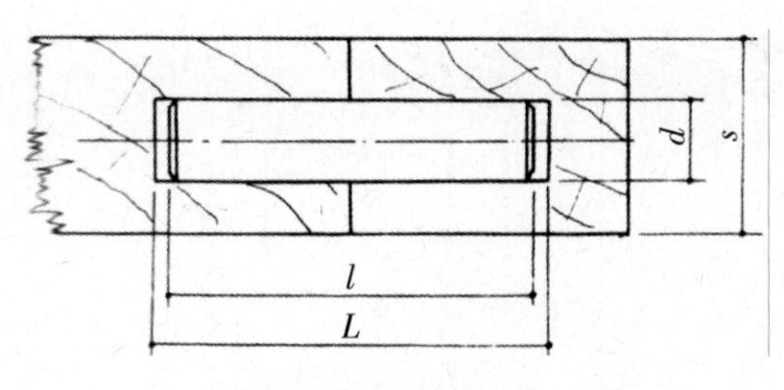


图 3–123　圆榫尺寸

在实木上使用圆榫接合时，要求榫头与榫眼配合紧密或榫头稍大些。在刨花板上使用圆榫时，如榫头过大就会破坏刨花板的内部结构；两零件间的连接，至少使用两个圆榫，以防零件转动；较长接合边用多榫连接，榫间距离一般为 96 ~ 160 mm。圆榫的配合：现代广泛采用直径为 6 mm、8 mm、10 mm，长度为 32 mm 的圆棒榫（见图 3–124）。

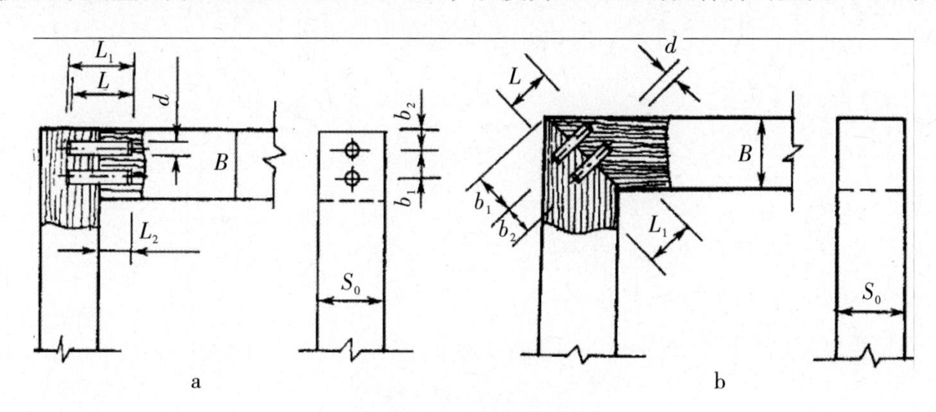


图 3–124　圆榫接合方式

（3）根据榫头与工件的关系分类，有整体榫和插入榫。

（4）根据榫头的数目分类，有单榫、双榫和多榫（见图 3–125）。

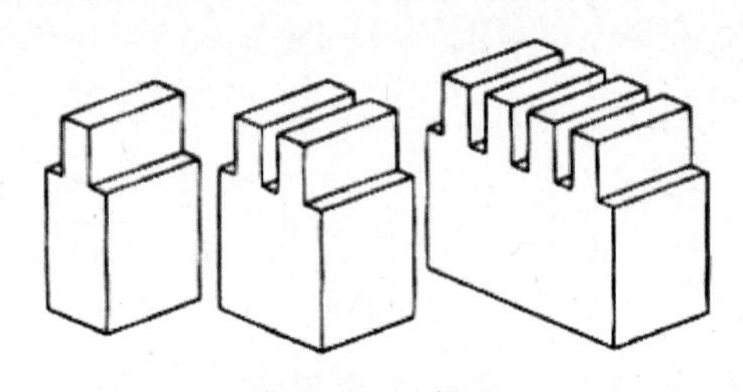

图 3–125　榫头

（5）按榫头是否贯通，分明榫和暗榫。

①明榫：榫端露于方材表面的贯通榫。

②暗榫：不露榫端的不贯通榫，对强度要求稍低，装饰质量高的家具产品可用暗榫。

（6）根据榫眼侧开的程度分类，有开口贯通榫、半开口贯通榫、半开口不贯通榫、闭口贯通榫和闭口不贯通榫（见图 3-126）。

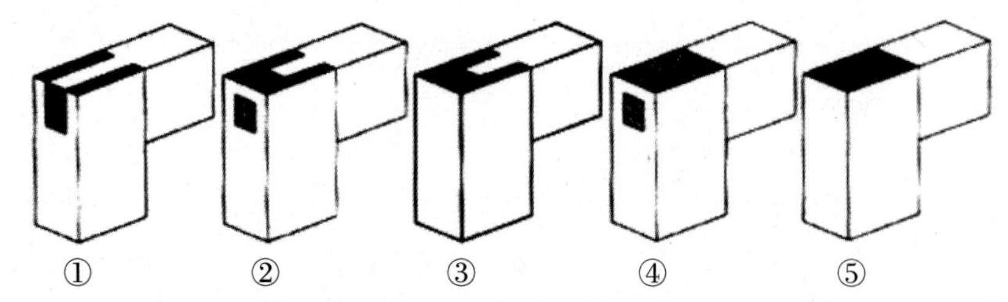


①开口贯通榫；② 半开口贯通榫；③ 半开口不贯通榫；④ 闭口贯通榫；⑤ 闭口不贯通榫

**图 3-126　据榫眼分类**

①开口榫：加工简单，胶接面积大，接合强度高，但能看到榫端和榫头侧边，影响美观，如图 3-127（1）。

②半开口榫：接合开口榫和闭口榫的优点，既增加胶接强度，又可防止在胶液未固化之前的榫头扭动，如图 3-127（2）。

③闭口榫：接合后见不到榫头侧边，但强度稍低，如图 3-127（3）。

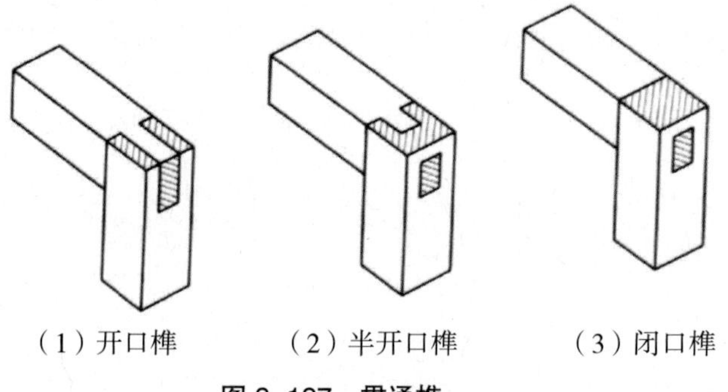

（1）开口榫　　（2）半开口榫　　（3）闭口榫

**图 3-127　贯通榫**

（7）根据榫肩分类：有单肩榫、双肩榫、三肩榫、四肩榫、夹口榫和斜肩榫（见图 3-128）。

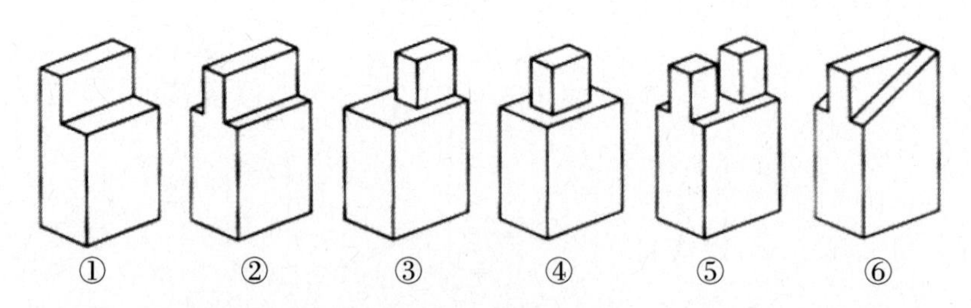


类型：①单肩榫；②双肩榫；③三肩榫；④四肩榫；⑤夹口榫；⑥斜肩榫

**图 3-128　据榫肩分类**

（8）按榫头与方材间是否可分离，有整体榫和插入榫（见图 3-129）。

①整体榫：榫头直接在方材上开出的。

②插入榫：与方材不是一个整体，单独加工后再装入方材预制孔中，主要用于板式家具的定位与接合。

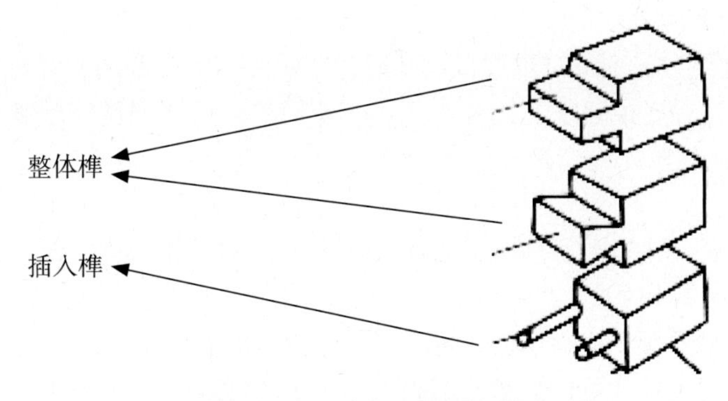


图 3–129　整体榫与插入榫

2. 胶接合

胶接合是指单纯依靠接触面间的胶合力将零件连接起来接合，主要用于板式部件的构成，实木零件的拼宽、接长、加厚及家具表面覆面装饰和封边工艺等。

（1）用途：配合榫接合、钉接合和木螺钉接合。

黏合家具的零部件或整个制品，包括将方材接长、拼宽的胶合，细木工板及空心覆面胶压，刨花板、中密度板为基材的贴面和封边，单板胶合弯曲等方面（见图 3–130）。

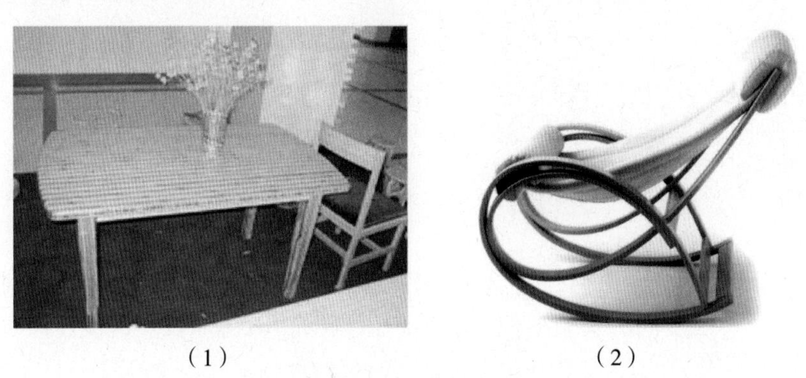

（1）　　　　（2）

图 3–130　竹家具胶接

（2）特点。

这种接合的优点是可以小材大用、劣材优用、节约木材、工作效率高。在实木制品生产过程中，为了增强胶接强度，一般采用斜接、指形接，以增加胶接面积，提高胶接强度，在实木构件的纵向拼接中，采用指形榫接合，其接合强度为整体木材的 70% ~ 80%。

3. 钉接合

钉接合的钉子有金属、竹、木制三种。钉接合常用于装饰效果要求不高之处和强度要求较低之处，如实木家具的背板安装、抽屉滑道安装、导向木条固定等。

（1）金属钉主要类型：圆钢钉、骑马钉（U 形钉）、鞋钉、U 形气钉。

（2）用途：常用于背板、内部接合等不外露且强度要求不高的地方。

（3）特点。

① 接合简便，但接合强度较低，常在接合面加胶以提高接合强度。

② 大多不可以拆装。

（4）木螺钉接合：木螺钉也称自攻螺钉，木螺钉接合是利用木螺钉穿透被固紧件，拧入持钉件而将二者连接起来的接合。其接合较简便，接合强度较榫接合低而较圆钉接合高，常在接面加胶以提高接合强度。

4. 连接件接合

连接件接合是一种利用家具专用的连接件来连接和紧固家具零部件，并可多次拆装的接合方式（见图 3–131）。

（1）用途：主要用于方材、板件的连接，特别是常用于板式家具零部件之间的连接。

（2）特点：用连接件可达到结构牢固可靠，多次拆装方便，松动时可进行调整紧固，装配效率高。

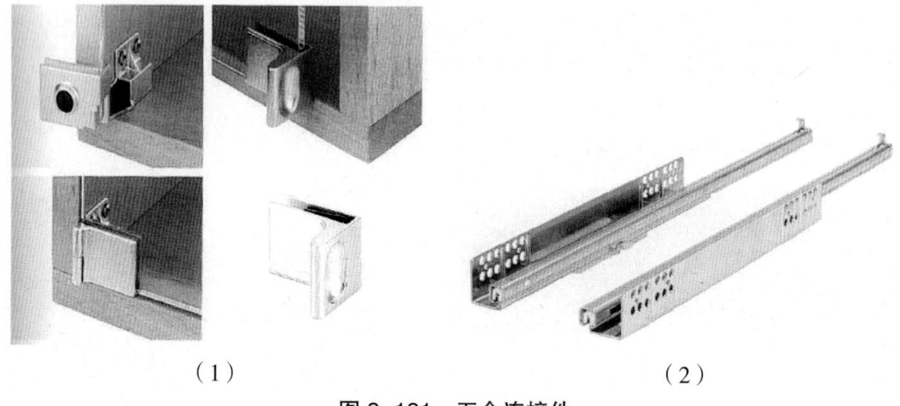

（1）　（2）

图 3–131　五金连接件

从材质上来看，有金属连接件，也有尼龙和塑料等材料制作的连接件。对连接件的要求是：体积小、强度高、安装方便，不影响家具的功能与外观。连接件接合是拆装式家具的主要接合方法，它广泛用于拆装式家具的结构连接（见图 3–132）。

5. 木家具基本构件的结构

在木质家具的生产过程中，方材、板件、木框、箱框是组成木质家具的基本构件，木质家具是由上述一种构件（如板式家具）、两种构件（如框式家具）或三种构件组合装配而成。

（1）方材与圆材。

方材：矩形断面的宽度与厚度尺寸之比小于 3 的实木原料称为方材。方材分为直线形方材和弯曲形方材两种。

圆材：弧形弯材的接合。

图 3–132　圈椅

（2）板件：在组成家具的零部件中，平面状的零部件称之为板件。根据板件的结构和材料，我们可以将板件分为拼板、人造板、空心板、嵌板。

① 人造板：人造板有纤维板、胶合板、刨花板和细木工板。

② 空心板：用空心芯板覆面而成的板件。最常用的空心板有纸质蜂窝空心板、格状空心板、木条空心板和刨花板条空心板。

③ 嵌板是指在木框中间采用裁口法或槽口法将各种板材、玻璃或镜子装嵌于木框内所构成的板件（见图 3–133）。

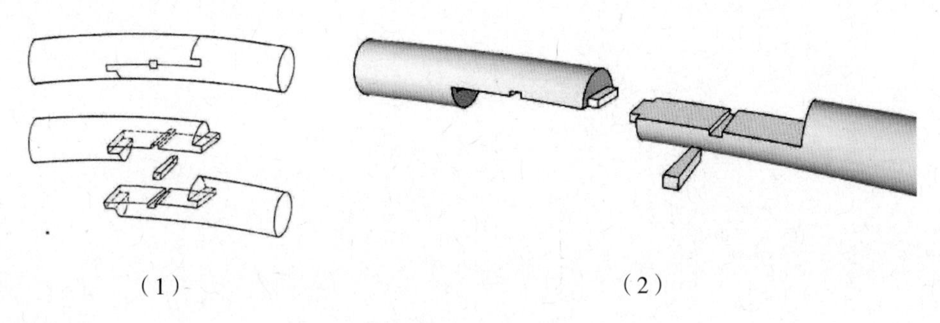

（1）　　（2）

图 3–133　嵌板

（3）木框：木框通常是由四根以上的方材按照一定的连接要求纵横围合而成。门框、窗框、镜框、脚架是常见的木框形式。

木框角部接合：木框角部接合可分两种，直角接合和斜角接合。直角接合牢固大方、加工简便，为常用的接合方法，主要采用各种直角榫，也可用燕尾榫、圆榫或连接件。斜角接合是将相接合的两根方材的端部榫肩切成 45° 的斜面后再进行直角榫接合，以免露出不易涂饰的方材的端部，保证木框四周美观，常用于外观要求较高的家具。

（4）箱框：箱框是由四块以上的板件围合而成的构件。因功能的需要，箱框的中部有可能设有中板。箱框结构设计的要点在于角部的连接结构和中板的连接结构。抽屉、箱子、柜体是箱框常见的应用形式。箱框的角部接合可以采用直角接合或斜角接合；可以采用直角多榫、燕尾榫、插入榫、木螺钉等固定式接合；箱框的中板接合，常采用直角槽榫、燕尾槽榫、直角多榫、插入榫等固定式接合；根据板件的结构和材料特点，箱框角部接合和中板接合也可以采用各种连接件进行拆装式结构设计。

① 箱框中板接合结构：直角多榫、圆榫、槽榫（见图 3–134）。

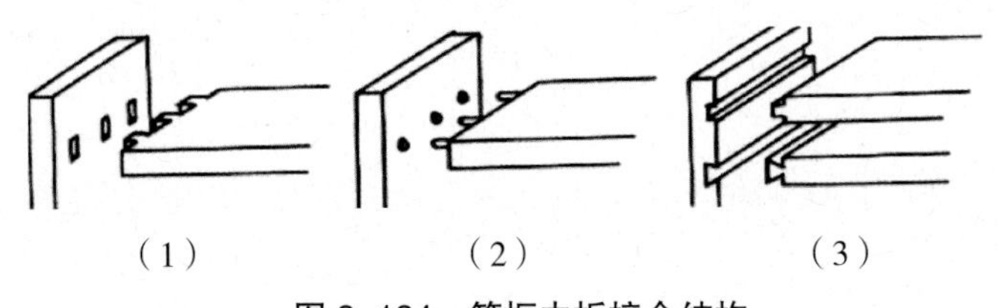

（1）　　（2）　　（3）

图 3–134　箱框中板接合结构

② 箱框斜角接合结构：全隐燕尾榫、槽榫、插条木（见图 3–135）。

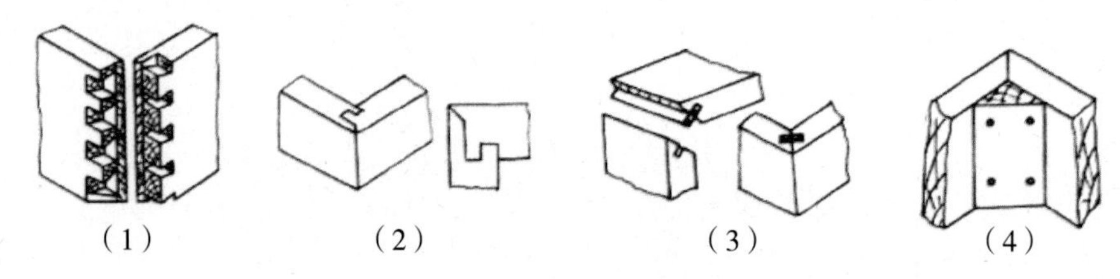

（1）（2）（3）（4）

图 3-135 箱框斜角接合结构

③ 角部接合：圆材闷榫角结合、方材闷榫角结合、圆材闷榫角接合（挖烟袋锅）（见图 3-136）。

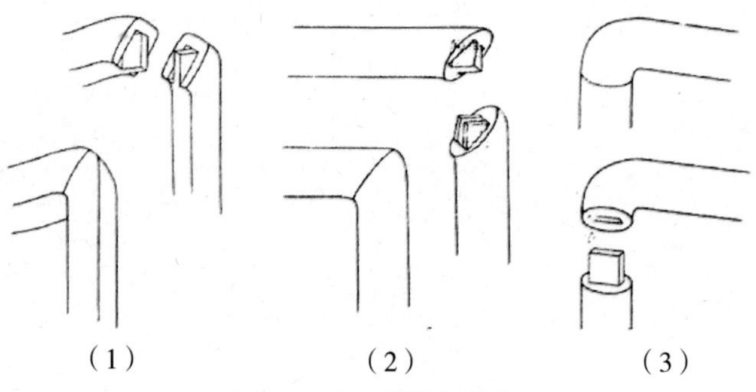

（1）（2）（3）

图 3-136 闷榫角接合

④ 中部接合（见图 3-137）。

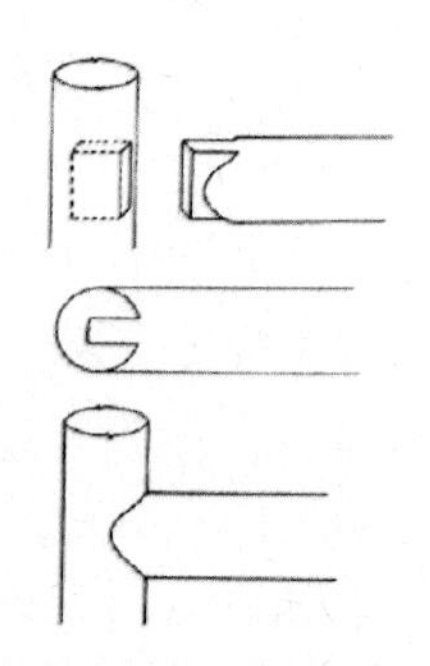

图 3-137 中部接合

⑤ 管脚枨：错开构件，使榫卯分散避让，不集中在一处（见图 3-138）。

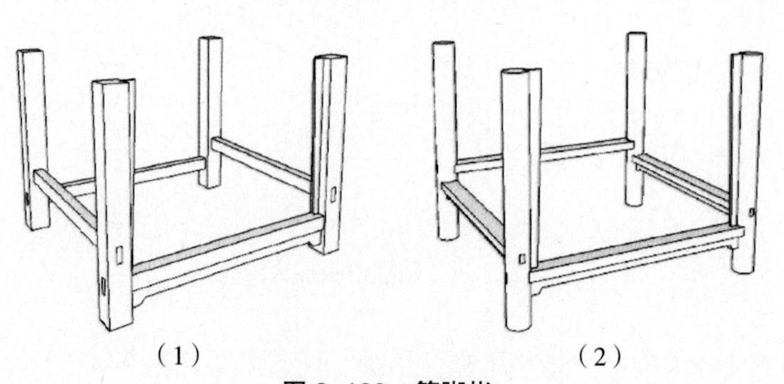

（1）（2）

图 3-138 管脚枨

# 任务 1　家具造型设计

## 【任务描述】

运用剪切的形态造型方法完成 5 个床头柜的形态训练。

设计 2 把椅子，风格要求：新中式、现代、简欧。材料以实木为主。使用场所不限。椅子设计需确定以下定位：

■ 风格定位。

■ 使用场所。

■ 适用人群。

## 【任务实施】

（1）作业作为后期课程实训制作方案。

（2）注意尺寸与比例的把握（带卷尺）。

（3）椅子最终方案需要上色，制作时需喷漆处理。

时间：5 天。

**表 3–1　家具造型设计任务及时间安排表**

| 时间安排 | 任务内容 | 具体步骤 |
| --- | --- | --- |
| 第 1 天 | 制定方案 | 制定手绘方案 |
| 第 2 ~ 4 天 | 定位方案 | 确定方案的定位<br>海量搜集资料<br>手绘方案 |
| 第 5 天 | 最终方案确定 | 确定最终方案 |

## 【案例分析】

卢志荣设计的 SIMA 床头柜是一款新中式风格的家具，其中外观造型来源于中国古代的器皿提篮。“圆”是床头柜最基本的线条，也成为卢志荣打破柜体沉闷设计的利器。整个产品运用圆形、环形和弧形的几何线条，将东方的谦虚、安静通过线条表现出来（见图 3–137、图 3–138）。

■ 巧妙运用提篮造型来设计使用功能。

■ 利用圆的结构，小抽屉可旋转。

■ 旋转小抽屉下面设计了夜灯。

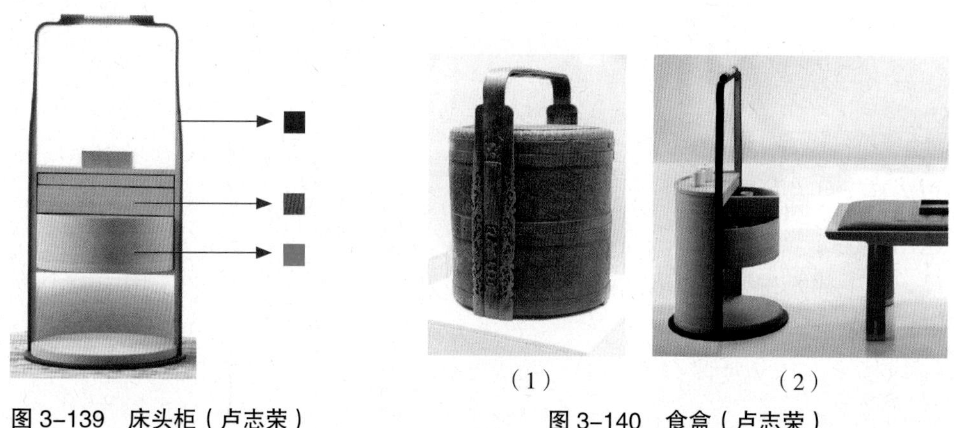


图 3-139　床头柜（卢志荣）

图 3-140　食盒（卢志荣）

魔鬼在细节。——20 世纪著名建筑大师密斯·凡·德罗用了这一句来表达他对细部设计的重视。

上帝也在细部之中。——意大利现代主义建筑大师卡罗·斯卡帕。

细部可以代表装饰。——日本建筑大师稹文彦先生。

一件家具设计产品的优秀，不仅仅在于家具整体的外观造型、功能布置、结构设计和材料选取等，其细部的设计也是至关重要的，在很大程度上决定着家具的总体形象。

# 任务 2　家具细部设计

## 【任务描述】

在完成任务 1 的基础上，结合风格定位主要造型元素、实用功能等对椅子的细部造型进行深入设计。

具体要求：

（1）一把椅子定出 4 张细部造型设计的方案手绘图。

（2）定稿后建模，作出 CAD 尺寸图。

## 【任务实施】

时间：5 天。

表 3–2　家具细部设计任务及时间安排表

| 时间安排 | 任务内容 | 具体步骤 |
|---|---|---|
| 第 1 ~ 2 天 | 家具细部造型设计方案确定 | 搜集家具细部造型的资料，细节造型设计方案，并反复修改 |
| 第 3 ~ 4 天 | 建模 | 方案确定，并建模 |
| 第 5 天 | CAD 尺寸图 | 作出 CAD 尺寸图 |

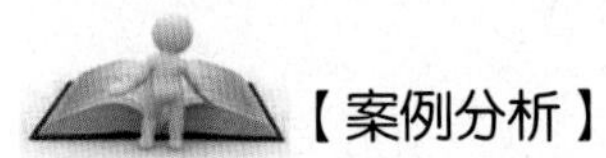

## 【案例分析】

学习并运用的细节造型分析方法。对正要设计的家具进行分析。

细节造型分析法，首先是确定以什么角度空间对家具产品进行细化分析。如表 3–3，表格的第一列是按家具的空间来分类，第二列可按形态特征、数量、装饰特征等各种方式分类。

以家具零件形态来分类，如表 3–3；以装饰特征分类，如表 3–4、表 3–5。第三列把对应的产品图进行排列并分析出常用的细部造型。

通过列表分析，设计师更容易把握细部的变化特征。

表 3–3　实木椅细部造型分析 1

| | | |
|---|---|---|
| 靠背 | 片状 |     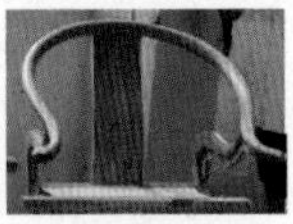 |
| | 条形 | 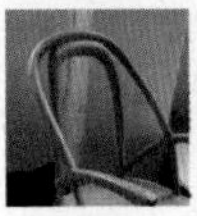  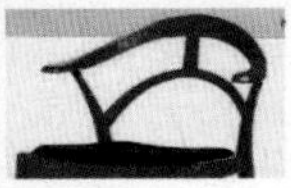    |
| | 竖型 |  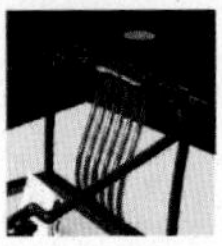  |
| | 特色 |   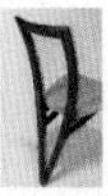  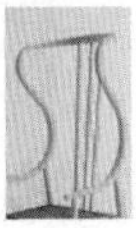 |
| | 软体 |   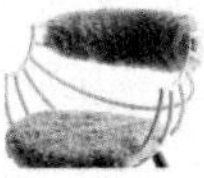   |

续上表

| | | |
|---|---|---|
| 扶手 | 八字 | 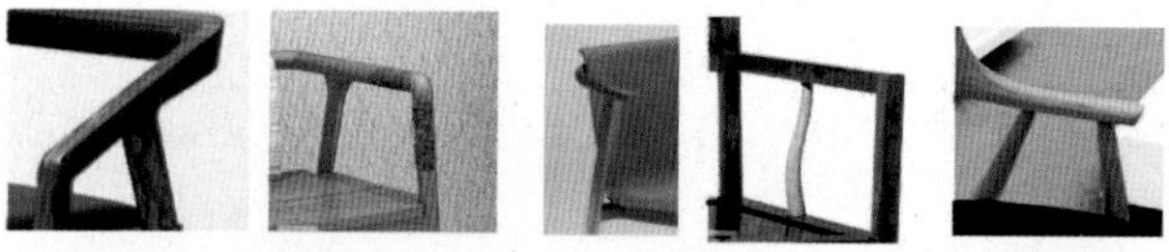 |
| | 镂空 | 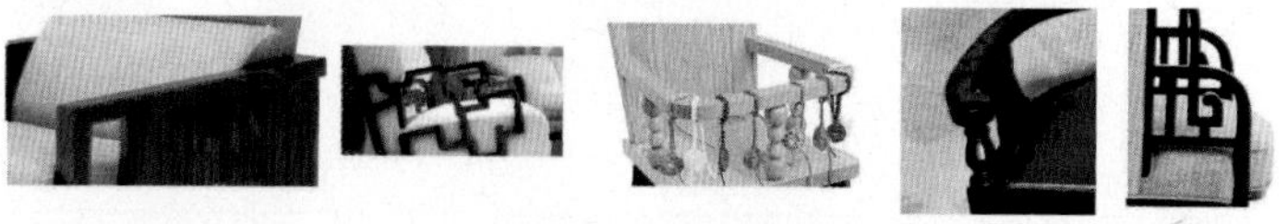 |
| | 特色 | 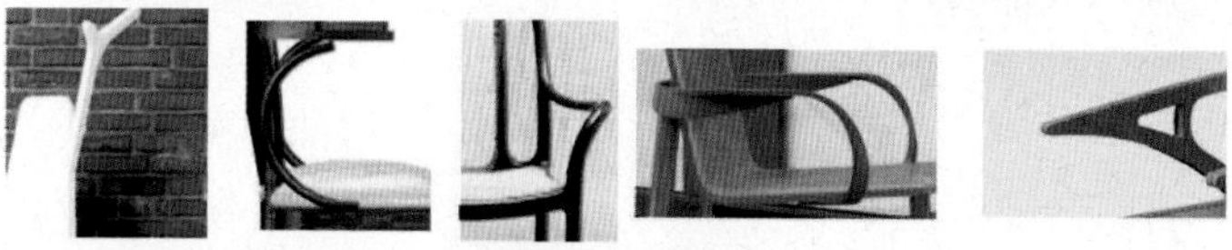 |
| | 7色 |  |
| | 软体 | 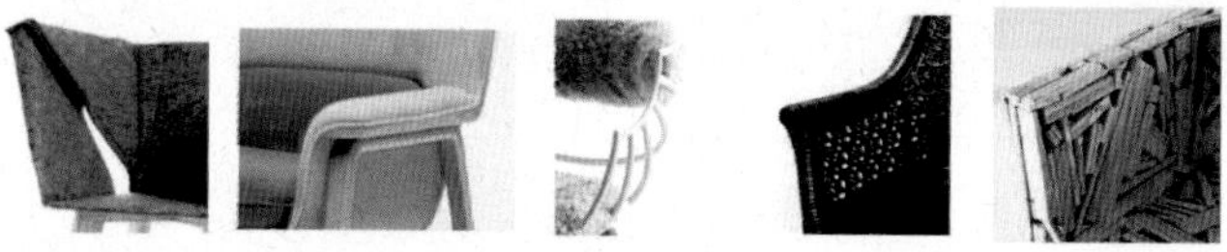 |

表 3-4 实木椅细部造型分析 2

| | | |
|---|---|---|
| 腿 | 三角 | 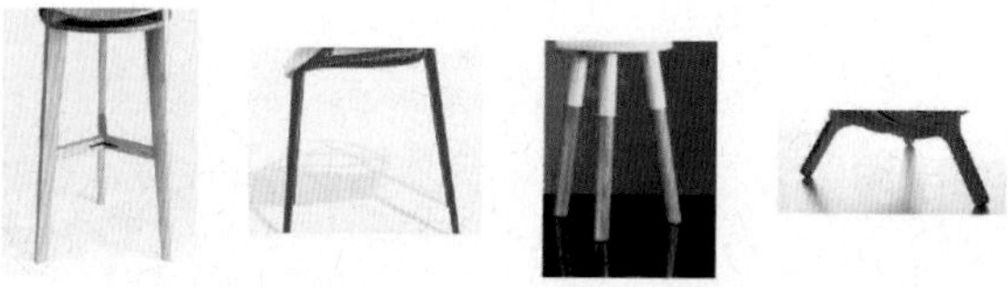 |
| | 雕刻 | 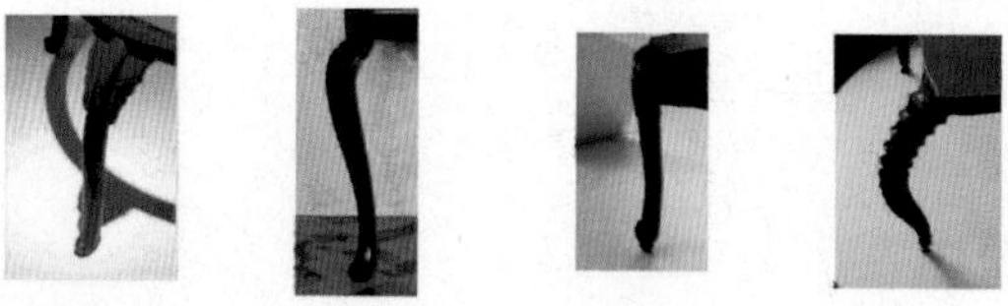 |
| | 四腿 |  |

续上表

| | | |
|---|---|---|
| 腿 | 横梁 | 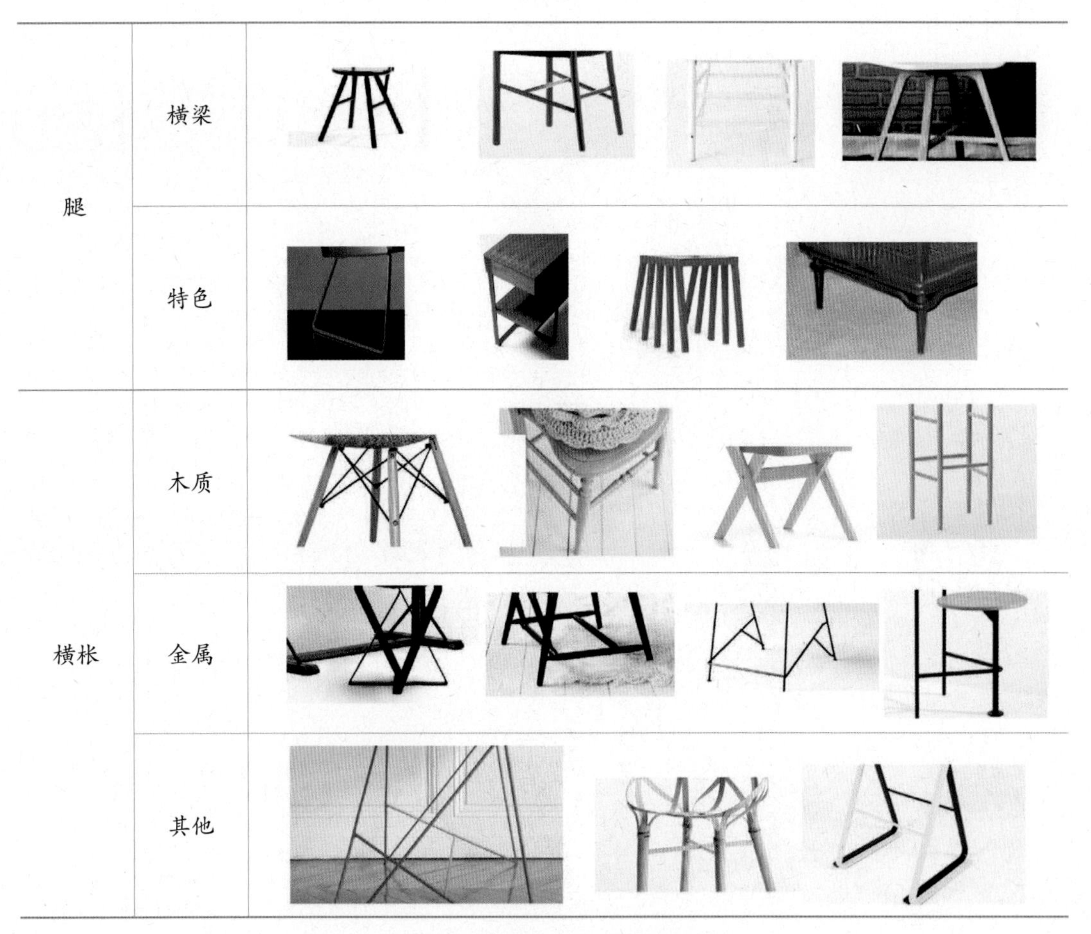 |
| | 特色 | |
| 横枨 | 木质 | |
| | 金属 | |
| | 其他 | |

**表 3–5 茶几细部造型分析**

| | | |
|---|---|---|
| 腿 | 独腿 | |
| | 两腿 | |
| | 三腿 | |

续上表

| | | |
|---|---|---|
| 腿 | 四腿 |  |
| 外形 | 连体 | 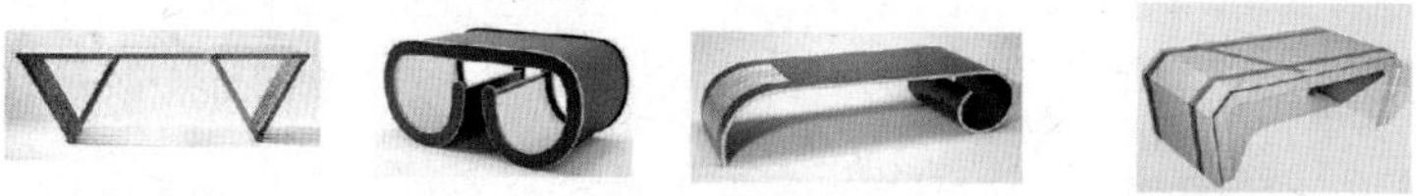 |
| | 箱体 |  |
| 面板 | 材料 |  |
| | 形状 |  |

# 任务 3　家具结构设计

## 【任务描述】

在完成任务 2 作业的前提下，对椅子方案进行结构分析与设计。

## 【任务实施】

（1）课前准备卷尺、笔、记录纸。

（2）对身边实木椅子的结构进行调研分析。了解实木椅子的榫卯关系、工艺结构和尺寸。

（3）记录数据并应用在自己的设计方案上。

时间：2 天。

**表 3-6　家具结构设计任务及时间安排表**

| 时间安排 | 任务内容 | 具体步骤 |
| --- | --- | --- |
| 第 1 天 | 实木椅子结构分析 | 展厅实木椅子结构了解、讨论 |
| 第 2 天 | 结构设计 | 针对自己的设计方案进行结构设计 |

## 【案例分析】

以收纳柜结构为例，利用替代设计方法进行设计：如图 3-141 至图 3-143 家具的柜门设计在悄悄发生改变，移植冰箱的柜门有储物功能的设计的概念，家具的柜门设计同样增加了储物空间，在使用中不但便于取拿物品，同时利于物品的归类，有效增加柜内的空间使用率。

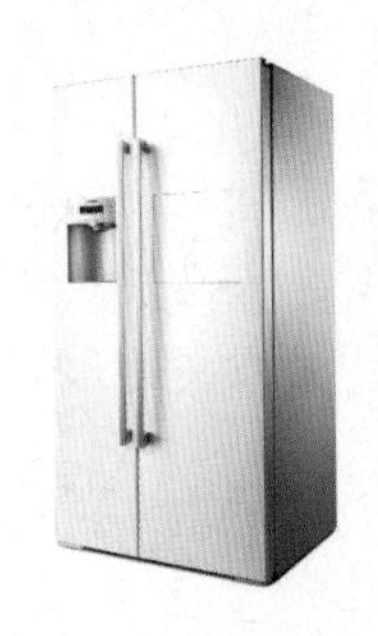

（1）　　（2）

图 3-141　冰箱

（1）

（2）

图 3-142　米兰家具展边柜 1

（1）

（2）

（3）

图 3-143　米兰家具展边柜 2

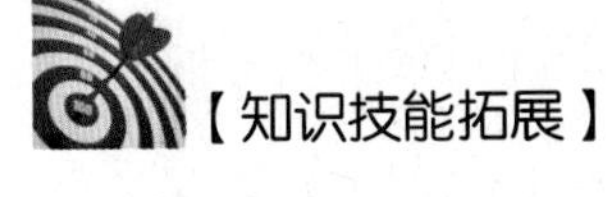

## 【知识技能拓展】

办公家具品牌介绍：

1. Vitra（维特拉，瑞士）

Vitra 公司是欧洲最著名的办公家具公司，它拥有全世界第一个企业创建的现代家具设计博物馆。Vitra公司面向全世界邀请一流建筑大师担纲建筑设计，每栋建筑各具特色(见图 3–144 至图 3–146）。

（资料来源：www.vitra.com/en–as/home）

Vitra 家具特点：

（1）Vitra 是一个引领设计潮流的公司。

（2）Vitra 的使命是帮助人们创造一个健康的、以人为本的生活工作环境。

（3）市场细分明了，针对性设计，有明显区分。

（4）专业化生产，模数化的配件，大批量生产和个性化需求并存。

图 3–144　Vegetal Chair，植物椅

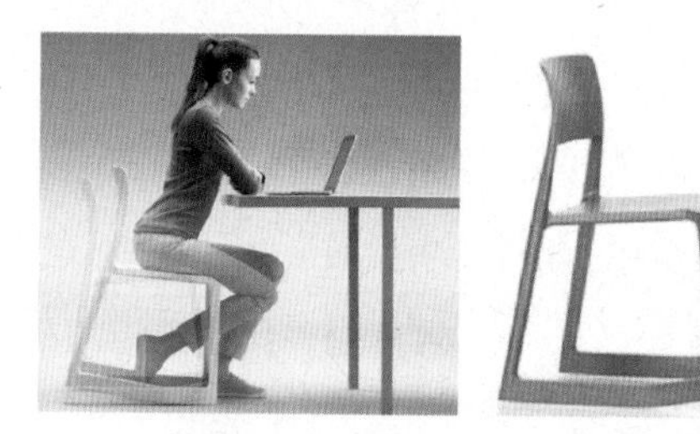

图 3–145　Barber Osgerby

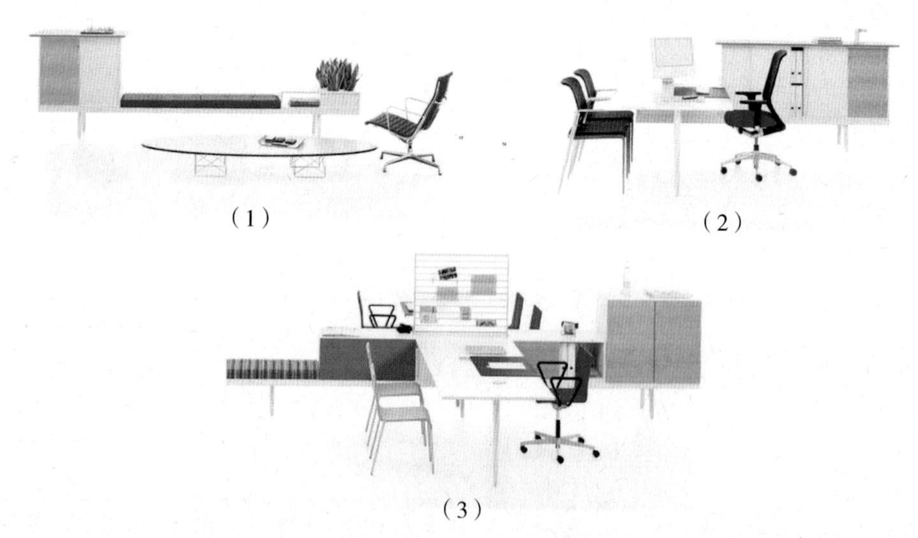

（1）　（2）　（3）

图 3–146　Vitra 办公系列

2. Steelcase（斯蒂尔凯斯，美国）

Steelcase1912 年成立，已有 100 多年的历史，是全球办公家具行业的 No.1。致力在工作环境中，创造卓越高效的体验。过去 5 年内服务客户达到 80 000 以上，全球 28 个生产基地，500 个以上的生产线，通过质量和环境 ISO9000 和 ISO14000 认证。

Steelcase 拥有三大核心品牌（Steelcase、Turnstone 和 Coalesse）、若干子品牌（Nurture 等）及健康保健部门。

（资料来源：www.steelcase.com/asia–zh/）

（1）　　（2）

图 3–147　Steelcase 家具

3. Herman Miller（赫曼米勒，美国）

Herman Miller 公司始于 1905 年，从一家生产传统家具的公司逐渐演变成了美国现代家具设计与生产中心。它是美国最主要的家具与室内设计厂商之一，公司因其老板赫曼·米勒（Herman Miller）而得名。

Herman Miller 最著名的设计产品有 la Equa 椅子，la Aeron 椅子，Nogchi 桌子，棉花糖 Marshmallow 沙发和埃姆斯 la Eames 躺椅（见图 3–148）。

（资料来源：www.hermanmiller.cn）

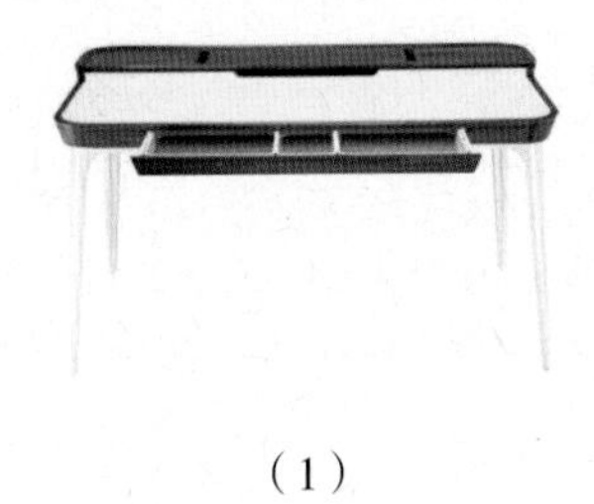

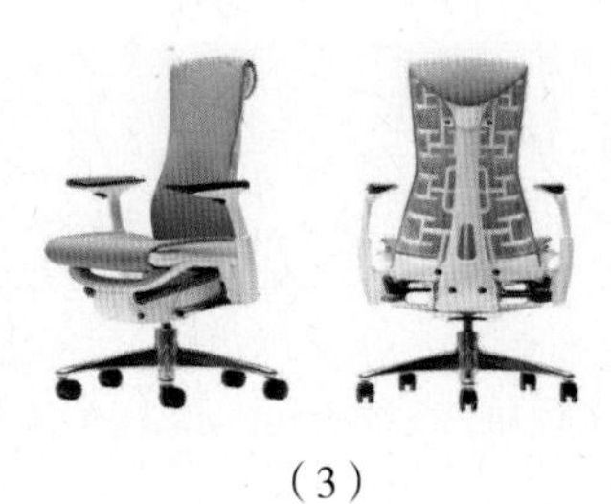

（1）　　（2）　　（3）

图 3–148　Herman Miller 家具

## 评估反馈

### 自我评价

表 3–7　目标达成情况

| 序号 | 学习目标 | 达成情况（在相应的选项后打"√"） | | |
|---|---|---|---|---|
| | | 能 | 不能 | 不能是什么原因 |
| 1 | 学习形态与功能、形态与材料、形态与结构、形态与家具细部造型的关系 | | | |
| 2 | 掌握家具新产品设计程序和步骤以及开发的手段和方法 | | | |
| 3 | 能进行家具造型设计 | | | |

## 练一练

1. 聚氯乙烯塑料常用于制造家具的连接件。（ √ / × ）
2. 家具具有地域性、文化性、时代性等主要文化特征。（ √ / × ）

小组评价日常表现性评价（由小组长或者组内成员评价）

表 3–8　评价表

| 序号 | 评估项目 | 评价结果（在相应的选项后打“√”） |
|---|---|---|
| 1 | 分析方法是否正确 | □优　□良　□中　□差 |
| 2 | 作业完成情况 | □优　□良　□中　□差 |
| 3 | 团队合作情况 | □优　□良　□中　□差 |
| 4 | 讨论参与度情况 | □优　□良　□中　□差 |
| 5 | 其他 | □优　□良　□中　□差 |

教师 / 企业专家点评

______________________________________________

______________________________________________

______________________________________________

总体评价：□优　□良　□中　□差

教师签名：________________　　　　______年____月____日

# 学习情境四　家具材料、色彩搭配设计

## 【学习目标】

（1）知识目标。

● 学会根据家具风格、功能、造型、结构、色彩、装饰、经济等要素进行家具设计与专业性的家具介绍。

● 理解和掌握家具仿生设计、色彩设计等设计理念的主要特点与方法。

（2）能力目标。

● 能完整表达家具设计方案的全部内容。

● 能学会徒手绘画、运用制图工具绘制、计算机辅助设计等方法进行家具设计方案的设计表达。

● 能够准确地表达出家具设计方案中的形态、材质和色彩。

● 能在深刻理解的基础上将设计理论运用到产品设计实践中。

（3）素质目标。

● 善于观察、勤于思考、敢于实践的科学态度和创新求实的开拓精神。

● 具有确定工作流程的能力。

● 具有责任心与职业道德。

## 【情境导入】

（1）实木床（吱意设计）

（2）梳妆台

（3）把手设计

**图 4–1　家具展示**

【知识准备】

## 一、材料与造型设计

### 1. 材料与肌理

材质是家具材料表面产生的一种质感，用来形容物体表面的肌理。质感有触觉肌理和视觉肌理，材质肌理是构成家具工艺美感的重要因素与表现形式。

材质肌理不仅给人生理上的触觉感受，也给人视觉上的心理感受。

（1）肌理影响形态的外观特征。即使形状要素完全相同，如果肌理不同的话，形态特征也会发生很大的变化。例如图4-2，三组形式完全相同的沙发，一组是布艺沙发，舒适、亲和力强；另一组是皮革沙发，高贵、奢华；还有一组是藤编沙发，自然、朴实。

（1）　（2）　（3）

图4-2　布艺沙发、藤编沙发、皮革沙发

（2）肌理影响形态的体量感。粗糙、无光泽使形体显得厚重、含蓄、温和；光滑、细腻、有光泽的肌理则使形体显得轻巧、洁净（见图4-3）。

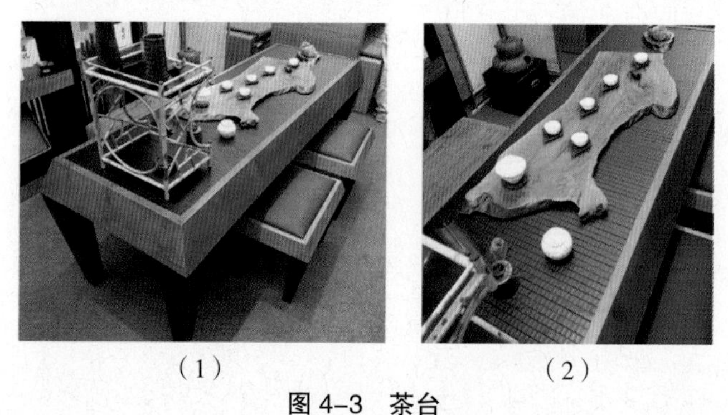

（1）　（2）

图4-3　茶台

（3）肌理能改变产品与人的关系。肌理柔软时，显得友善、可爱、诱人；肌理坚硬时，显得沉重、令人排斥、引人注目。

### 2. 材料的肌理应符合家具的功能要求

（1）家具的许多功能与家具表面材料的肌理有关，如工作台面需要整齐、洁净，因此，常设计成光滑、细腻的肌理。

（2）与人接触较多的人体家具的表面需要自然、亲切。如沙发的座面、写字台与人肘部接触较多的部位等，一般采用皮革、织物等材料；衣柜的内表需要整齐洁净，因此一般使用肌理光滑的装饰板贴面；公共场所使用的家具要便于进行清洁卫生，所以一般使用塑料、金属等材料。

（3）肌理设计应符合家具品质特征的要求。实木家具追求的是木材的天然肌理，任何装饰木纹纸尽管外观色彩与实木一模一样，但仍不具有木材的肌理品质，不能完全替代木材。贴薄木的木质家具比贴纸的家具在价格上有明显的区别。

（4）肌理设计应满足家具的审美特征要求。不同的肌理有不同的美感。公共空间的家具需要高效简洁，而私人家具则需要亲切可人。普通家具追求的是自然、朴素，而有些场合，家具是一种地位的象征，则需要豪华、威严。这些都可以通过不同的肌理设计加以实现。

（5）家具肌理设计应尽可能地发挥原材料本身的肌理特性（见图 4–4、图 4–5）。

图 4–4　木材天然木纹

图 4–5　布艺编织凳

3. 肌理

（1）挖掘家具材料特有的肌理特征，会产生出人意料的效果。例如，木材在不同的剖切面上（横切、弦切、径切）具有不同的肌理，竹材胶拼、编制时肌理截然不同，皮革表面可以做“磨砂”等特殊处理（见图 4–6、图 4–7）。

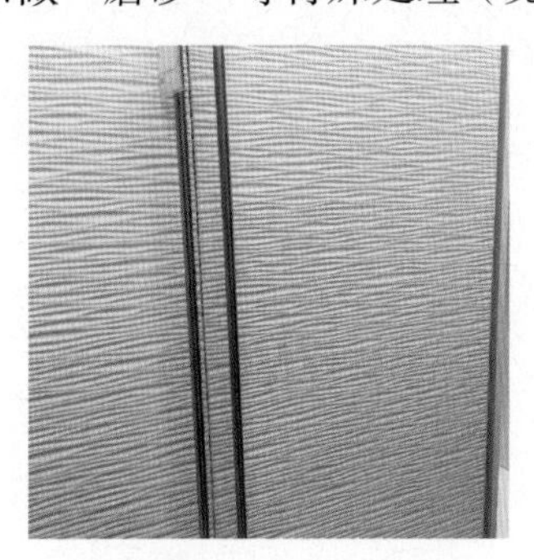

图 4–6　衣柜门肌理

图 4–7　茶台台面肌理

（2）可选择合适的材料，强调材料肌理的对比效应或丰富家具的表面效果（如图 4–8）。

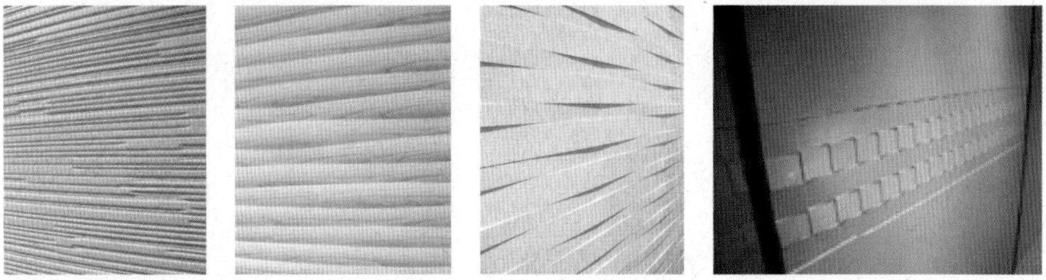

（1）

（2）

（3）

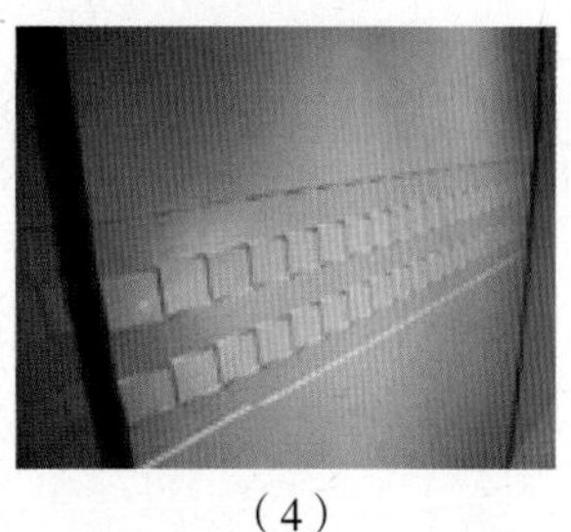

（4）

图 4–8　衣柜门肌理

（3）让材料肌理的设计成为一种特殊装饰手段（如图 4–9）。

图 4–9　仿石面电视柜

4. 质感

在家具的美观效果上，质感的处理和运用也是很重要的手段之一。所谓质感是指表面质地的感觉（触觉和视觉），例如材面的粗密、硬软、光泽等。每种材料都有它特有的质地，给人以不同的感觉，如金属的硬、冷、重；木材的韧、温、软；玻璃的晶莹剔透等。家具材料的质地感，可以从两方面来把握，一是材料本身所具有的天然性质感；二是对材料施以不同加工处理所显示的质感。

（1）天然性质感如木材、金属、竹藤、柳条、玻璃、塑料等，由于质感的差异，可以获得各种不同家具的表现特征。木制家具由于其材质具有美丽的自然纹理、质韧、富弹性，给人以亲切、温暖的材质感觉，显示出一种雅静的表现力。而金属家具则以其光泽、冷静而凝重的材质，更多地表现出一种工业化的现代感。至于竹、藤、柳家具则在不同程度的手感中给人以柔和的质朴感，充分地展现来自大自然的淳朴美感。

（2）加工处理所显示的质感是指在同一种材料上，运用不同的加工处理方法，可以得到不同的艺术效果（见图 4–10 至图 4–14）。

图 4–10　躺椅（查尔斯·伊姆斯）

图 4–11　巴塞罗那椅

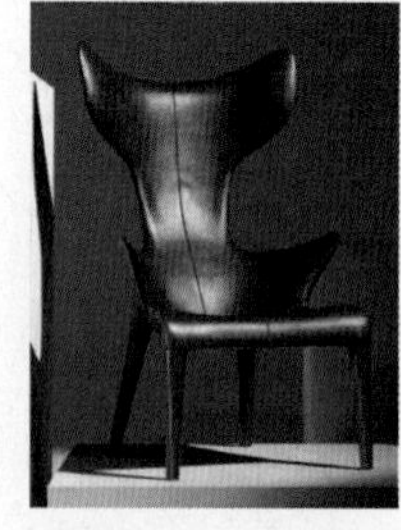

图 4–12　椅子 1

图 4–13　椅子 2

图 4–14　编藤凳

## 二、色彩与造型设计

色彩：色彩是家具造型设计构成要素之一。由于色彩本身的视觉因素，具有极强的表现力。色彩本身不能存在，它必须附着于材料，在光的作用下，才能呈现。

■ 色彩的形成。

■ 色彩的基本知识：色相（见图 4–15）、明度、纯度。

■ 原色、间色、复色（补色）。

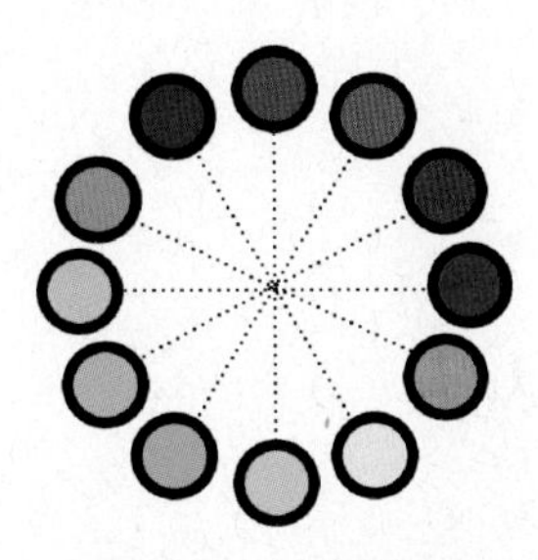

图 4–15　十二色相

**思考：**补色一定是对比色吗？对比色一定是补色吗？

### 1. 色彩——色彩的感知与心理作用

人类的情感影响着人类对色彩的感知，色彩的差异也同样对人类的心理产生作用，影响着人类的情感。

色彩的感觉是人的视觉生理机能经过反复的视觉经验而形成的心理感受。如色彩的冷暖感觉、重量感觉、软硬感觉、胀缩感觉、远近感觉等。

色彩的不同视觉感受对人们施加的心理作用主要表现在：冷暖、象征、个人喜好、情感反应以及生理反应。

以下是不同颜色的性格：

红色：活力、力量、温暖、肉欲、坚持、愤怒、急躁。

粉红：冷静、关怀、善意、无私的爱。

橙色 / 桃色：喜悦、安全、创造力、刺激。

黄色：快乐、思维刺激、乐观、担心。

绿色：和谐、放松、和平、镇静、真诚、满意、慷慨。

青绿色：思维镇定、集中、自信、恢复。

蓝色：和平、宽广、希望、忠诚、灵活、容忍。

深紫蓝色 / 紫罗兰色：灵性、直觉、灵感、纯洁、沉思。

白色：和平、纯洁、孤立、宽广。

黑色：温柔、保护、限制。

灰色：独立、分离、孤独、自省。

银色：变化、平衡、温柔、感性。

金色：智慧、富足、理想。

棕色：世俗、退却、狭隘。

### 2. 色彩的主要体现

色彩是表达家具造型美感的一种很重要的手段，是家具设计的主导因素之一，如果运用恰当，常常起到丰富造型、突出功能、营造家具不同气氛和性格的作用。

色彩在家具上的应用，主要包括两个方面：家具色彩的整体调配和家具造型上色彩的安排。具体表现在家具的整体色调、色彩构成和色光的运用（见图 4–16、图 4–17）。

图 4–16　木茶几

图 4–17　毛毡布椅

### 3. 家具色彩的冷暖与性格

家具的色彩选择必须遵循家具的功能、使用环境、适用人群的需求来选择，同时颜色本来的性格也赋予了家具不一样的性格（如图 4–18、图 4–19）。

图 4–18　椅

图 4–19　巴塞罗那椅

4. 色彩的作用

（1）同一形态造型，用不同的色彩进行表现，形成产品纵向系列。如图 4-20、图 4-21，客户根据自己的室内色调进行自由搭配。

（2）对同一家具形态用不同色彩进行各种分割（根据产品结构特点，用色彩强调不同的部分），形成产品的纵向系列。这种色彩的处理方法会在视觉上影响人对形态的感觉，即使是同一造型的产品，会因其色彩的变化而对形态的感觉有所不同。

（3）用同一色系，统一不同种类、不同型号的家具，形成产品横向系列，使产品具有家族感。这往往是树立品牌形象的常用做法，是强化企业形象的通行手段。即便是不同厂家生产的产品，营销企业也可以用色彩将其统一在本企业的品牌之下。

（4）以色彩区分模块，体现产品的组合性能，如图 4-20 Vitra 办公家具。

（5）以色彩进行装饰，以产生富有特征的视觉效果（见图 4-21）。深色的颜色搭配易使家具产生价值感。

图 4-20　Vitra 办公家具

图 4-21　办公桌

5. 色彩与功能

利用色彩的原理和特性，辅助产品功能。色彩同形态一样，也具有类语言功能，也能传达语意。在进行色彩设计时，往往利用人们约定俗成的传统习惯，通过色彩产生联想。

色彩与产品功能的关系通常表现为以下几方面：

（1）以色彩结合形态对功能进行暗示。

（2）以色彩制约和诱导行为。例如，红色用于警示，绿色表示畅通，黄色表示提示。当然，地域、民族的不同，对色彩的感受也有差异，因此，色彩的暗示作用也不尽相同。

（3）以色彩象征功能。象征功能的色彩有些是根据色彩本身的特性所决定的，有的则是约定俗成的。

6. 家具色彩的设计技巧

（1）色调。

家具的设色，很重要的是要有主调（整体色调），也就是应该有色彩的整体感。

通常多采取以一色为主，其他色为辅，突出主调的方法。如图 4–22 椅子的靠背通过不同颜色和材质的更换，使家具有不一样的性格。

常见的家具色调有调和色和对比色两类，若以调和色作为主调，家具就显得静雅、安详和柔美；若以对比色作为主调，则可获得明快、活跃和富于生气的效果。

但无论采用哪一种色调，都要使它具有统一感。既可在大面积的调和色调中配以少量的对比色，以达到和谐而不平淡的效果；也可在对比色调中穿插一些中性色，或借助于材料质感，以获得彼此和谐的统一效果（见图 4–22、图 4–23）。

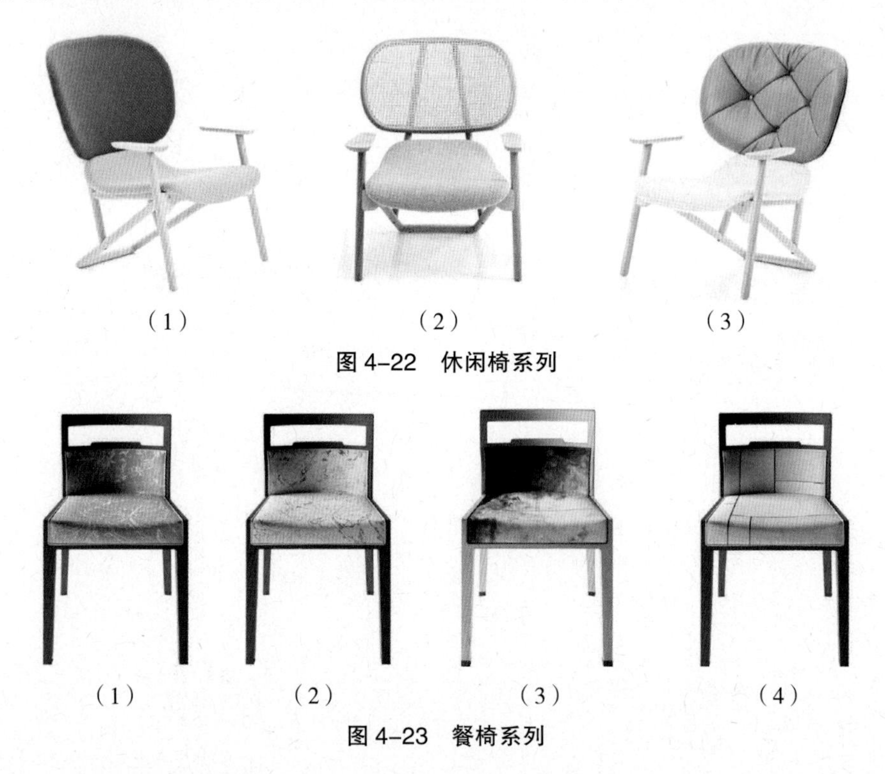

（1）（2）（3）

图 4–22　休闲椅系列

（1）（2）（3）（4）

图 4–23　餐椅系列

① 调和色调设计的运用。

调和色彩设计包括单色相设计和类似色设计两种基本方法。

单色相设计是根据环境综合需要，选择一种适宜的色相，充分利用明度和彩度的变化，可以得到统一中微妙的变化。特点是易于创造鲜明的、统一的色彩感，充满单纯而特殊的色彩韵味，适用功能要求较高的、分区布置的公共建筑家具，及小型静态活动空间家具的应用（见图 4–24）。

类似色设计是根据空间环境综合需要，选择一组适宜的类似色，并应用明度与纯度的变化配合，适当加入无彩色，使一组色彩组合在统一中富有变化效果。这种类似色设计可以创造出较为丰富的视觉效果，也可以用于区别使用功能的分区家具，适用于中小型动态活动空间家具。如图 4–25（1）通过色彩明确家具功能，包括白色的办公区、彩色布艺的休闲等候区、原木色的收纳柜等。

图 4–24　软件沙发类似色设计

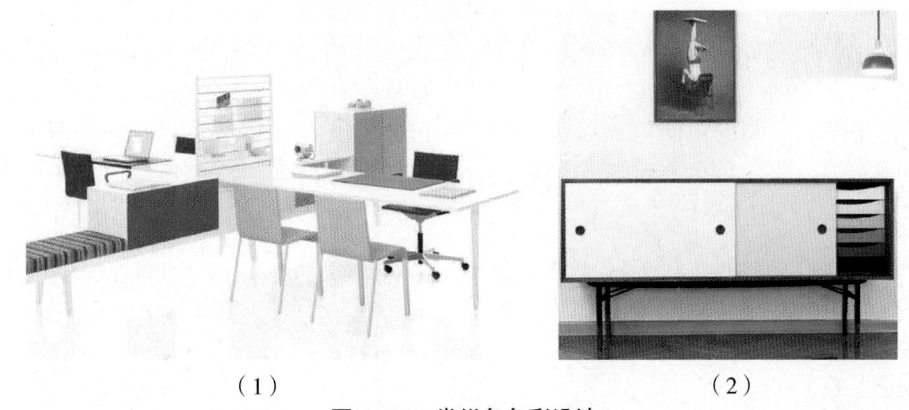

（1）　（2）

图 4–25　类似色色彩设计

② 对比色彩设计。

对比色彩设计包括补色设计和等角设计两种基本方法。

补色设计是在色环上选择一组相对的色彩，如红与绿、黄与紫、蓝与橙等，利用对比作用获得鲜明对比的色彩感觉。在此基础上加以变化，又可得出分裂补色设计和双重补色设计两种方法（见图 4–26）。

等角设计分为三角色设计和四角色设计（见图 4–27）。

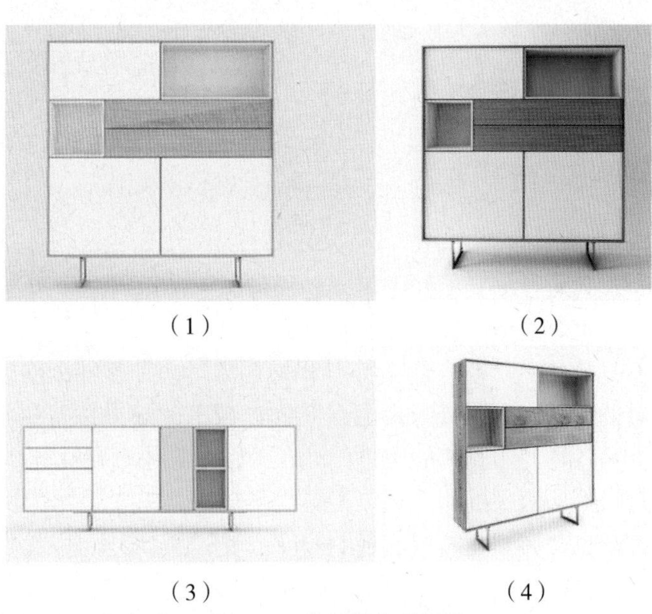

（1）　（2）

（3）　（4）

图 4–26　收纳柜色彩设计

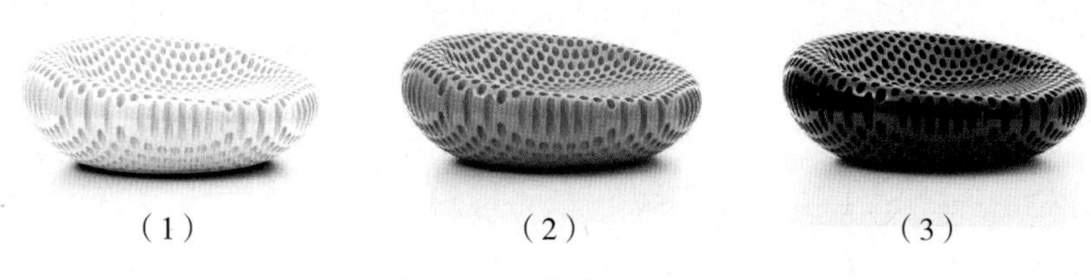

（1）　　（2）　　（3）

图 4-27　凳色彩设计

③ 无彩色调的运用。

从物理学的观点，黑、白、灰不算颜色，理由是可见光谱中没有这三种颜色，故称无彩色。无彩色没有彩度，且不属于色相环，但在色彩组合搭配时，常成为基本色调之一，与任何色彩都可配合。如图 4-28 单纯的无色彩搭配的家具，能很好地提升家具的价值感。从心理上看，它们完全具备颜色的性质，而且起色料必备的作用。

黑色由于其消极性能使相邻的色显眼，当它与某个色彩一起出现时，可使这个色彩显得更为鲜艳。

白色根据所处色彩环境的不同，可变为暖色或冷色，白色的家具给人以干净、纯洁的感觉。

灰色是黑白相间的中间调无彩色，具有黑白两色的综合特性，对相邻任何色彩没有丝毫影响，无论哪一种色彩都能把固有的感情原样表现出来。灰色显得比较中性，是理想的背景色（见图 4-28）。

（1）　　（2）

图 4-28　无彩色系列家具

（2）色光。

色彩在家具上的应用，还须考虑色光问题，即结合环境、光照情况。

色彩在家具设计的具体应用上，决不可脱离实际，孤立地追求其色彩效果，而应从家具的使用功能、造型特点和材料、工艺等条件全面地综合考虑，给予恰当的运用。家具的设色，必须充分考虑在不同光照下的效果，兼顾不同光源和环境的配合。另外，也要与各种使用材料的质感相结合。因为各种不同材料，如木、织物、金属、竹藤、玻璃、塑料等所表现的粗、细、光、毛等质感，由于受光和反光的程度不同（如图 4-29），反过来也都会相互影响色彩上的冷、暖、深、浅，影响消费者对家具真实色彩的判断。

（1）

（2）

图 4–29　色光与展品

7. 家具色彩与材料的选用

木材固有色：在我们的日常生活中，有相当多的家具是木制的。木材是一种天然材料，它的固有色成了体现天然材质的最好媒介。现代家具十分讲究运用木材的自然本色，以它质朴的材料质感，赢得很好的艺术效果。

原木色的家具最终需要涂清漆，清漆种类很多，常用的有 PV 漆、硝基漆、木腊油等。最终的工艺效果有亮面与亚光两种。不同的工艺效果给家具不一样的性格，如木腊油的家具更古朴；亮面 PV 漆则干净、明亮、有现代感。

保护性的涂饰色：木家具大多需要进行保护涂饰。一方面为了避免木材受大气影响，延长其使用寿命；另一方面经涂饰的家具在色彩上起着美化家具和环境的作用。涂饰分两类，一类是透明涂饰，另一类是不透明涂饰。

人造板覆面装饰色：在现代家具的制作中，有大量的部件是用人造板来制作的，因此人造板的覆面材料装饰色就决定了家具的颜色。

金属、塑料的工业色：工业化生产的金属、塑料家具体现了现代家具的风韵，富有时代感。金属制作中的电镀工艺，既保护了钢管，又增添了金属的光彩，而塑料鲜艳的色彩点拨了人们的生活情趣。

软包家具的织物色：软包家具常指软椅、沙发、床背、床垫等，往往在室内家具中占有较大面积，因此其织物的图案与色彩在室内环境中具有相当重要的作用（见图 4–30）。

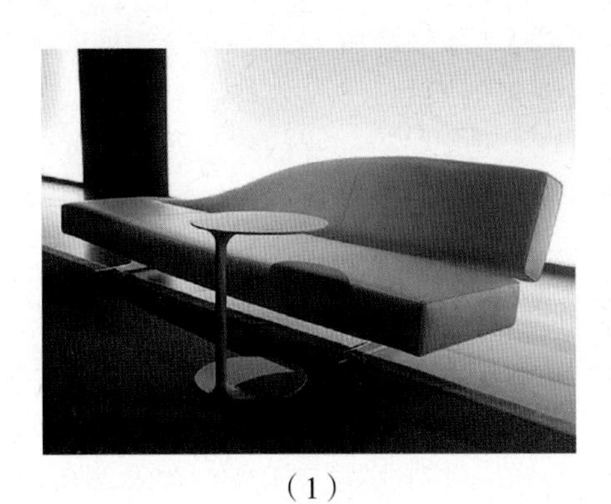

（1）

（2）

图 4–30　材料与色彩设计

8. 色彩在家具上的应用与选择

（1）首先，要考虑色相的选择，色相的不同，所获得的色彩效果也就不同。这必须从家具的整体出发，结合功能、造型、环境进行适当选择。例如生活居住用的套装家具，多采用偏暖的浅色或中性色，以获取明快、协调、雅静的效果（见图 4–31）。

图 4–31 橱柜设计

（2）在家具造型上进行色彩的调配，要注意掌握好明度的层次。若明度太相近，主次易含混、平淡。一般说来色彩的明度，以稍有间隔为好，但相隔太大则色彩容易失调，同一色相的不同明度，以相距三度为宜。在色彩的配合上，明度的大小还显示出不同的“重量感”，明度大的色彩显得轻快，明度小的色彩显得沉重。因此，在家具造型上，常用色彩的明度大小来求得家具造型的稳定与均衡。如图 4–31 橙色的增加不但可以活跃橱柜的颜色搭配与气氛，同时在功能上达到很好的分区效果，使整套家具活泼明亮，橙色的选择在颜色心理学上也增加了食欲，符合橱柜的功能性。

（3）在色彩的调配上，还要注意色彩的纯度关系。除特殊功能的家具（如儿童家具或小面积点缀）用饱和色外，一般用色宜改变其纯度，降低鲜明感，选用较沉稳的“明调”或“暗调”，以达到不刺目，无火气的色彩效果。

**三、装饰**

装饰是家具微细处理的重要组成部分，是在大的造型确定之后，进一步完善和弥补由于使用功能与造型之间的矛盾，为家具造型带来的不足，所以，家具的装饰是家具造型设计中的一个重要手段。一件造型完美的家具，单凭形态、色彩、质感和构图等的处理是不够的，必须在善于利用材料本身表现力的基础上，以恰到好处的装饰手法，着重于细部的微妙设计，力求达到简洁而不简陋，朴素又不贫乏的审美效果。

装饰包括对家具形体表面的美化、局部微细的艺术处理和增加特殊的装饰部件等。

家具装饰的形式和装饰的程度，应根据特定家具而定。对于现代家具而言，主要是通过色彩和肌理的组织对家具表面进行美化，达到装饰的目的。对于古典家具而言，主要是应用传统工艺，根据风格特征对家具的特殊部位进行装饰，体现出艺术特色。

根据家具装饰的特点一般可分为艺术装饰、结构装饰和构件装饰。

1. 艺术装饰

为增加美观效果，在家具面层或特殊部位进行富有艺术性的附加装饰称为家具艺术性装饰，它是家具的有效补充，包括绘画、镶嵌、薄木胶贴、雕刻、压花、喷砂、贴金、绘画装饰、镶嵌装饰、纹样拼贴装饰、木雕装饰等（如图 4–32、图 4–33）。

图 4–32　布料表面装饰

（1）

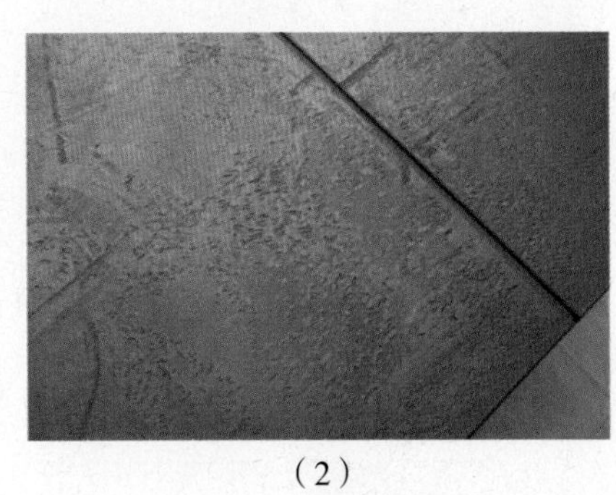

（2）

图 4–33　藤编（1）、石材（2）表面装饰

2. 结构装饰

家具中的结构装饰指木材纹理结构榫接口、沙发圆滚线、车线等，在完成结构的同时通过色彩的对比、线的粗细等形成（如图 4–34、图 4–35）。

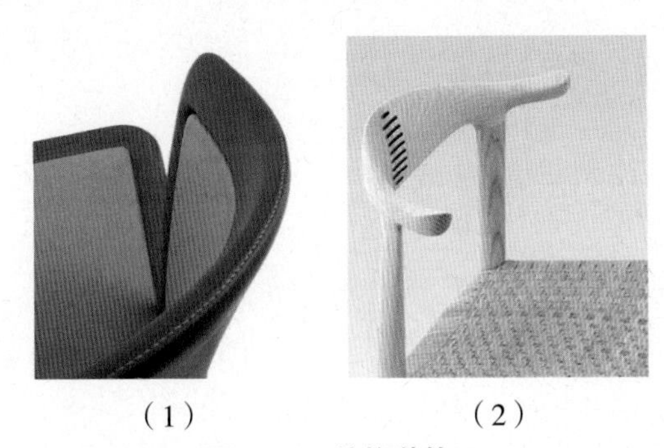

（1）　（2）

图 4–34　结构装饰 1

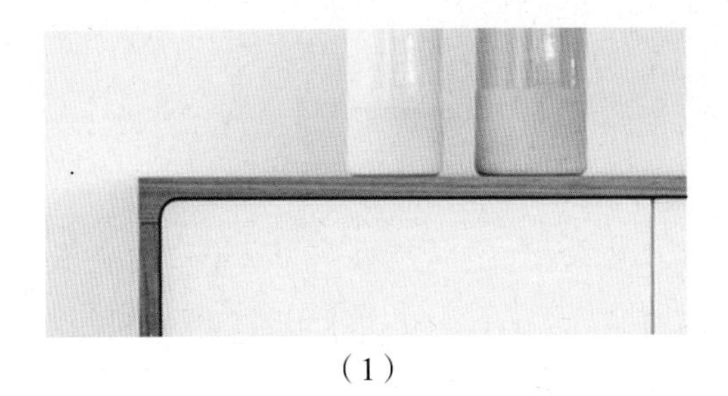

（1）

（2）

图 4–35　结构装饰 2

3. 构件装饰

家具用五金配件，包括拉手、锁、合页、连接件、碰头、插销、套脚、滚轮等。尽管这些配件的形状或体量很小，然而却是家具使用上必不可少的装置，同时又起着重要

的装饰作用，为家具的美观点缀出灵巧别致的奇趣效果，有的甚至起到了画龙点睛的装饰作用（见图 4–36、4–37）。

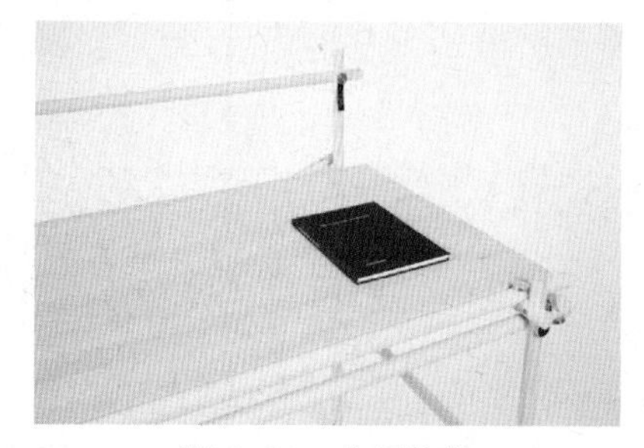

图 4–36　金属构件

图 4–37　金属构件局

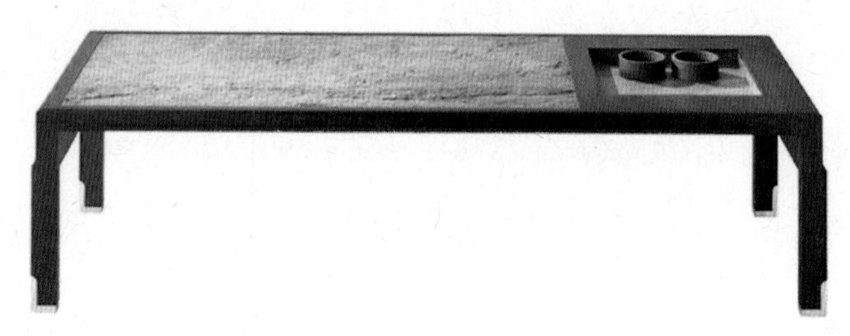

图 4–38　茶主题的茶几

如图 4–38，为迎合中国人的喝茶习惯，此新中式茶几在材料选择上考虑用石头镶嵌在桌面，一方面防水，另一方面丰富家具的质感，增强装饰效果。

（1）　　（2）

图 4–39　米兰家具展边柜 1

如图 4–39，把手提包的皮的材质与把手的造型应用到家具的五金把手位，增添了时尚感、奢华感。

图 4–40　米兰家具展边柜 2

如图 4–40，桌面的内测包裹一层金属材料，不但防水，还从装饰上提升了家具的价值感。

最后，家具装饰要把握好局部和整体之间的关系，装饰要服从造型，为造型服务，造型与装饰都必须统一在功能要求之下，组成有机统一的整体，不能破坏家具的整体形象（见图 4–41、图 4–42）。

（1）

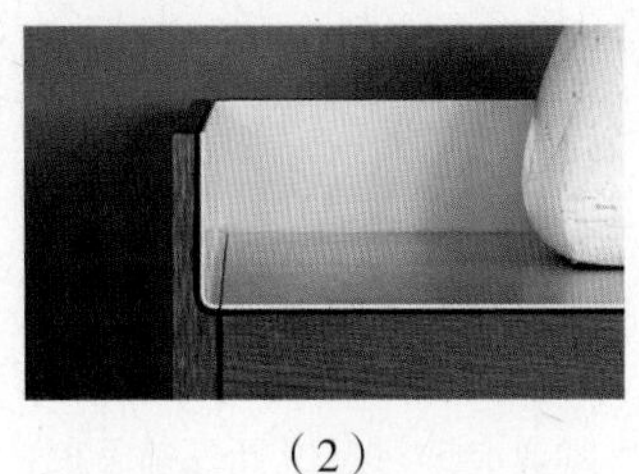
（2）

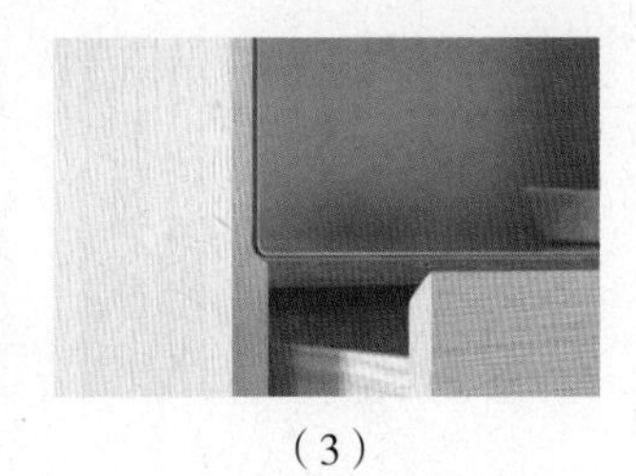
（3）

图 4–41　边柜与细节

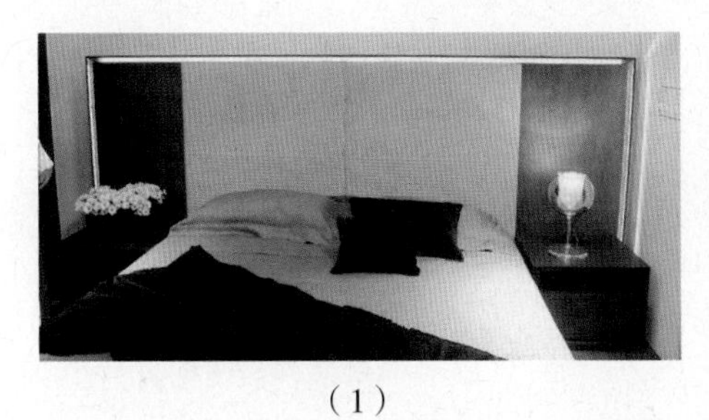
（1）

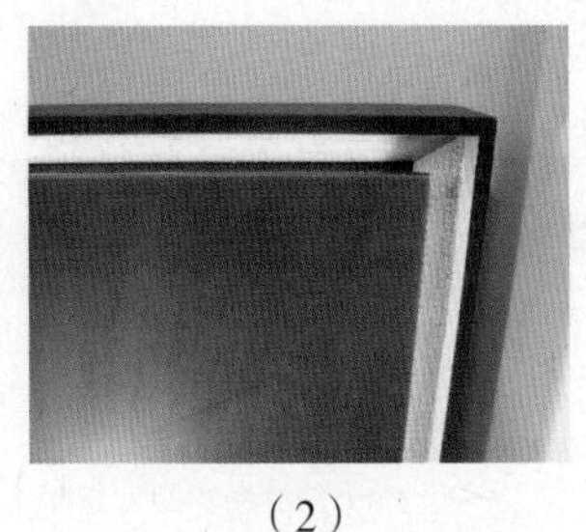
（2）

图 4–42　床靠背灯带

# 任务　家具材料及色彩设计

## 【任务描述】

要求对一把椅子制定出 4 个色彩与材料搭配的设计方案。

## 活动 1　家具材料的选用

根据方案的定位（消费者、价格、风格等）进行家具材料的选定，包括木材、金属、软体等搭配。

## 活动 2　家具色彩设计

（1）在完成学习活动 1 的基础上，对最终确定的两款椅子做色彩设计与材料搭配。注意颜色的明度搭配。

（2）为方案配套相应的涂料进行涂装肌理和最终效果，注意涂料亮面与亚光效果的选择。

## 活动 3　家具装饰搭配设计

为方案配套五金件（锁、套脚等）、软装装饰等搭配，注意整体效果与家具造型风格的统一。

### 【任务实施】

时间：2 天。

表 4–1　家具装饰搭配设计任务及时间安排表

| 时间安排 | 任务内容 | 具体步骤 |
| --- | --- | --- |
| 第 1 天 | 家具材料的选用 | 确定使用的木材和五金 |
|  | 家具色彩设计 | 色彩与材料搭配方案设计，并渲染到 3D 模型上预览效果 |
| 第 2 天 | 家具装饰搭配设计 | 1. 色彩与材料搭配方案修改<br>2. 五金件与软装饰的选择<br>3. 综合调整整体效果 |

### 【知识技能拓展】

欧式家具品牌介绍：

1. Moooi（摩伊，荷兰）

Moooi 是荷兰创造的设计品牌，Moooi 的名字本身来自于荷兰语的“mooi”（美丽），多加了一个字母 o，意思是再多加一分美丽。Moooi 的创办人是马塞尔·万德斯（Marcel Wanders），他最初创办 Moooi 的目的是为富有创造力的设计师们提供一个具有逻辑性思考的地点（见图 4–43）。

（资料来源：www.moooi.com）

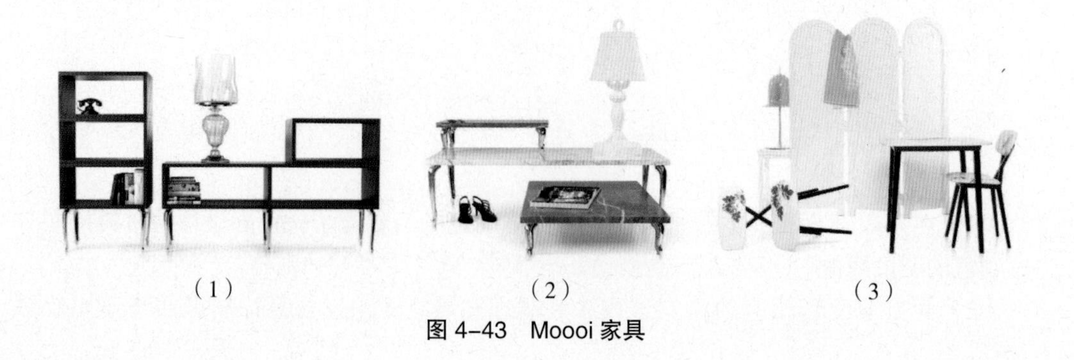

（1）　（2）　（3）

图 4–43　Moooi 家具

2. Cassina（卡西纳，意大利）

Cassina 是当今世界顶级家具品牌，有着悠久的历史。早在 17 世纪，Cassina 就开始从事教堂木器家具的制作，精湛的工艺与对细节的专注使其在那个时期就赢得人们的尊敬，以致今天的人们仍能在美丽的科莫湖畔的教堂中找到 Cassina 当年产品的身影（见图 4–44）。

（资料来源：www.cassina.com/zh–hans）

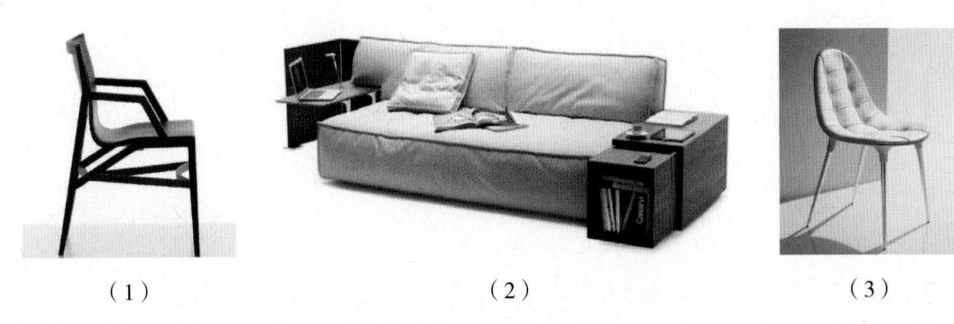

（1） （2） （3）

图 4–44 Cassina 家具

3. B&B Italia（意品居，意大利）

B&B Italia 意大利家具品牌是世界公认的现代室内装饰领域的领导者。B&B Italia 品牌的产品展现了意大利设计的历史和成就，让全世界领略到意大利人的想象力、创造力、品位和专业技术（见图 4–45）。

（资料来源：www.bebitalia.com/en）

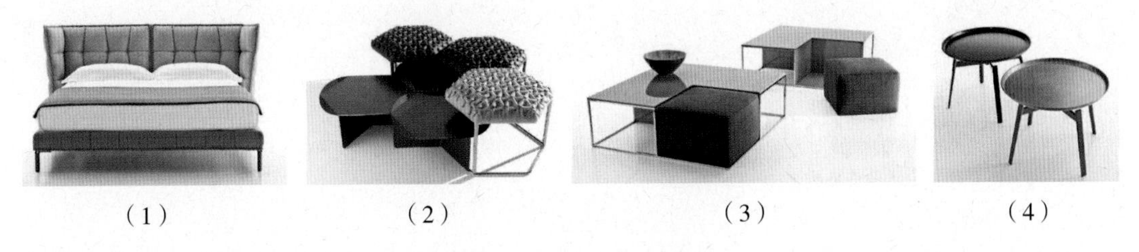

（1） （2） （3） （4）

图 4–45 B&B Italia 家具

4. BD Barcelona Design（西班牙）

BD 致力于创造前所未有的设计形式，与一切新兴潮流自然融合，毫无突兀之感。BD 不只是一种风格，它将经典设计的现代演绎与奇思妙想巧妙糅合，将工业生产与手工艺制造融会贯通，更复刻了一系列历史上著名的家具作品，不断进行技术革新。每一款 BD 作品都是艺术与技术、现代与传统的完美结合，并且带有独特的品牌风格印记，令人过目难忘（见图 4–46）。

（资料来源：www.bdbarcelona.com）

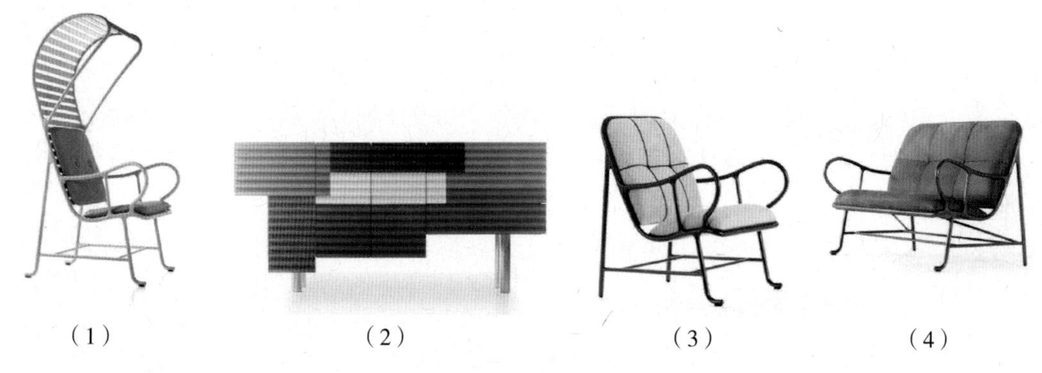

（1） （2） （3） （4）

图 4–46 BD 家具

# 评估反馈

## 自我评价

表 4–2 目标达成情况

| 序号 | 学习目标 | 达成情况（在相应的选项后打“√”） | | |
|---|---|---|---|---|
| | | 能 | 不能 | 不能是什么原因 |
| 1 | 学会根据家具风格、功能、造型、结构、色彩、装饰等要素进行家具设计与专业性的家具介绍 | | | |
| 2 | 理解和掌握家具仿生设计、色彩设计等设计理念的主要特点与方法 | | | |
| 3 | 能按风格的不同进行家具细部造型分析及设计 | | | |

## 练一练

1. 表面装饰是家具设计的一部分。（√ / ×）

2. 环保材料是对资源和能源消耗少、生态环境影响小、成本低、可降解使用、具有优异性能的新型材料。（√ / ×）

3. 对比同类型家具产品的家具细节造型处理手法。

4. 家具中，肌理与家具性格的表现有哪些？

## 小组评价日常表现性评价（由小组长或者组内成员评价）

表 4–2　评价表

| 序号 | 评估项目 | 评价结果（在相应的选项后打“√”） |
|---|---|---|
| 1 | 分析方法是否正确 | □优　□良　□中　□差 |
| 2 | 作业完成情况 | □优　□良　□中　□差 |
| 3 | 团队合作情况 | □优　□良　□中　□差 |
| 4 | 讨论参与度情况 | □优　□良　□中　□差 |
| 5 | 其他 | □优　□良　□中　□差 |

## 教师 / 企业专家点评

______________________________

______________________________

______________________________

总体评价：□优　□良　□中　□差

教师签名：________　　　　____年____月____日

# 学习情境五　家具评估与优化设计

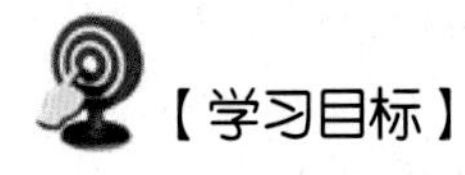

## 【学习目标】

（1）知识目标。

• 深刻理解“何为好的家具造型设计”，并能从家具造型设计构思、结构、形态、材质、色彩、装饰等方面加以阐述。

（2）能力目标。

• 具有分析解决问题的能力和理论联系实际的工作作风。
• 能绘制表达（电脑、手绘）家具设计效果图。
• 能够正确评估产品的设计质量与标准。

（3）素质目标。

• 具有良好的家具行业道德和社会责任感。
• 严格执行生产技术规范的科学态度。
• 具有科学的世界观、分析解决问题的能力和理论联系实际的工作作风。

## 【情境导入】

（1）书架①

（2）书架②

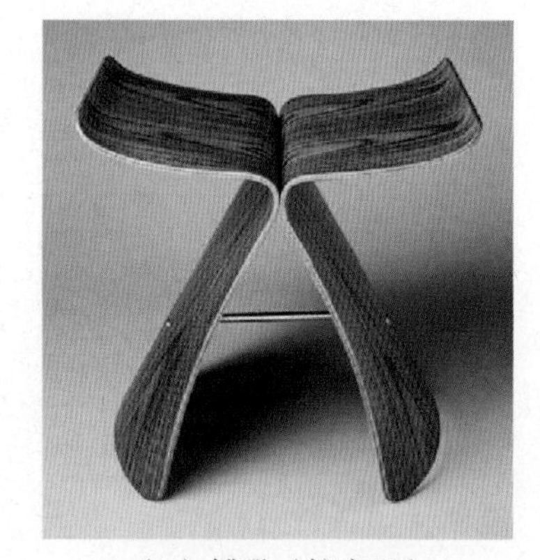

（3）蝶凳（柳宗理）

图 5–1

【知识准备】

评估通常是指对某一事物的价值或状态进行定性、定量的分析、说明和评价的过程。

**一、实用性评估**

实用性主要指家具产品的功能是否满足使用者的需求，以及是否符合人机工程学及家具结构强度要求。

家具产品设计的首要条件是满足实用性，产品必须能满足产品自身的功能作用，在实用的前提下，再来开发时尚、优美的造型。

从尺度比例的角度谈实用性，家具尺寸的准确性决定家具的实用性。家具的尺度比例分为实用性尺寸与美观性尺寸，实用性尺寸是家具是否可用的基本保障，如椅子的坐高、坐深、坐宽、靠背高等数据；美观性尺寸是在保障了家具可用、实用的前提下，使家具符合人机工程学、更舒服、更美观，如椅子的靠背斜度、扶手高度、零件的尺寸等数据，还需要结合家具材料，如沙发海绵的软硬等结合处理。

在面向市场设计的家具中，是否能满足消费者在某方面的功能需求，是家具产品获得市场认可最基本的条件。因此，在设计前期对使用者需求的考虑是非常重要的。在产品的功能和外观设计出来之后，还必须符合人机工程学和家具结构强度要求，这是一件合格产品所必须做到的。

**二、舒适性评估**

舒适性是家具设计的主要目标。要设计出舒适的家具就必须符合人体工程学的原理，并对生活有细致的观察、体验和分析。如沙发的坐高、弹性、靠背的倾角等都要充分考虑人的使用状态、体压分布以及动态特征，以其必要的舒适性来最大限度地消除人的疲劳，保证休息质量。

尺寸影响舒适度。家具的舒适性，主要影响因素是家具的尺寸。家具尺寸不对，即使与标准仅差几厘米，人们用久了，也可能引发脊椎变形、腰肌劳损、视力下降等问题。

（1）沙发：沙发座前宽不能小于 48 cm，座面深度应在 48 ~ 60 cm，座面高度应为 36 ~ 42 cm。前宽小于标准，沙发就会显得狭窄。座面深度过大，小腿无法自然下垂，腿肚容易受压迫；深度过小，又会让人坐不住。座面太高，就像坐在高椅子上，很不舒服；如果太低，人站起来会很费劲。

（2）床：床高 44 cm。铺好被褥测量床面离地面的距离，过高或过低都会使腿不能正常着地，时间长了，腿部神经就会受到挤压。

（3）主灯距离地面：2.2 m。无论是复杂的水晶灯，还是简单的吊灯，都应该安装在视线范围偏上的位置，至少离地面 2.2 m，光线才不会刺激眼球。

（4）书柜距离地面：2 m。一伸手就能取到书的高度，是最舒适的高度，尤其是有孩子的家庭。如果想把书柜当成隔断，切记一定不要太高，但要厚。书柜越高，安全性越低。

（5）床与窗户的距离：1 m 以上。床离窗户太近，让人觉得没有安全感，如果遇到刮风下雨还会影响睡眠。

（6）灶台距离地面：70 ~ 80 cm。太低或太高的灶台，都会使烹饪者感到不适，从而增加烹饪的难度。一般情况下，身高 1.6 ~ 1.75 m 的人，灶台高 70 ~ 80 cm 就可以了。个子太高的人，可以按照身高 / 灶台高度 =16/7 的公式来计算合适的高度。

**情境设计：家具舒适性体验**

■ 学生 4 人一组，每人准备一把 3 m 以上的卷尺。地点：毕业设计展展厅或者家具展场。

■ 体验内容：让同学通过坐家具，去体验家具的舒适性。在坐的过程中，把尺寸登记下来作为作业的尺寸。

■ 关键点：在试坐过程中，找全班身材最娇小和最高大肥壮的同学来分别试坐同一张椅子，并跟大家分享感受。让学生明白椅子的舒适性应满足更多的适用人群。

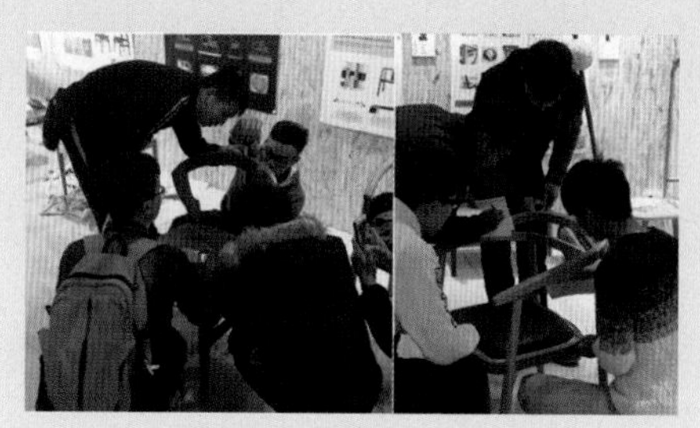

图 5–2　试坐家具

### 三、美观性评估

美观性主要指家具产品符合造型美学因素，色彩、肌理等配搭协调。在满足了实用性之后，家具产品还需要具有美观性，让消费者乐于接受。美观性属于美学的范畴，涉及点、线、面、体的组合及辩证关系，以及虚实、均衡、韵律、主次等美学法则，色彩的冷暖等心理要素，肌理搭配等视知觉特点等，是一种比较综合的应用艺术。美观性要遵循以下美学原则。

1. 比例与尺度的统一

我们将各方向度量之间的关系及物体的局部和整体之间形式美的关系称为比例，良好的比例是获得物体形式上完美和谐的基本条件。对于家具造型的比例来说，它具有两方面的内容：一方面是家具整体的比例，它与人体尺度、材料结构及其使用功能有密切的关系；另一方面是家具整体与局部或各局部之间的尺寸关系。

和比例密切相关的家具特性是尺度。比例与尺度都是处理构件的相对尺寸，比例是指一个组合构图中各个部分之间的关系，尺度则特指相对于某些已知标准或公认常量对物体大小的衡量。

家具尺度并不限于一个单系列的关系，一件或一套家具可以同时与整个空间、家具彼此之间以及与使用家具的人们之间发生关系，有着正常合乎规律的尺度关系。超过常用的尺度可以吸引注意力，也可以形成或强调环境气氛。如家具设计中比例与尺度的夸张运用。

2. 统一中求变化，变化中求统一

在艺术造型中从统一中求变化，从变化中求统一，力求变化与统一得到完美的结合，使设计的作品表现得丰富多彩，是家具造型设计中贯穿一切的基本准则。

统一与变化是艺术造型中最重要的构成法则，也是最普遍的规律。如图 5–3 麦金托什设计的椅子，竖线的靠背形态中，加入短促的横线线条，形成了椅子的视觉中心，使椅子更具节奏和趣味。

图 5–3 椅子（麦金托什）

图 5–4 系列家具

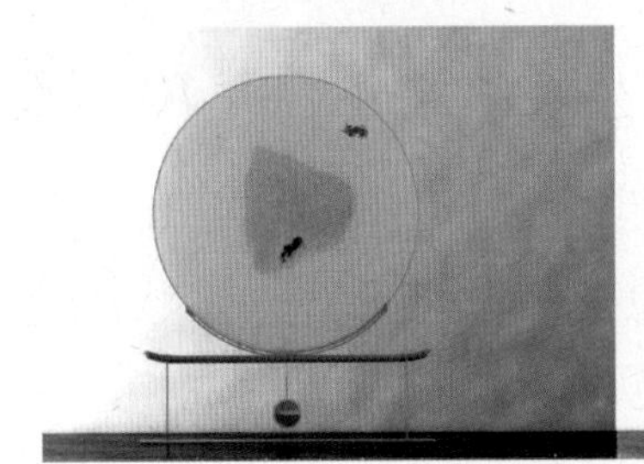

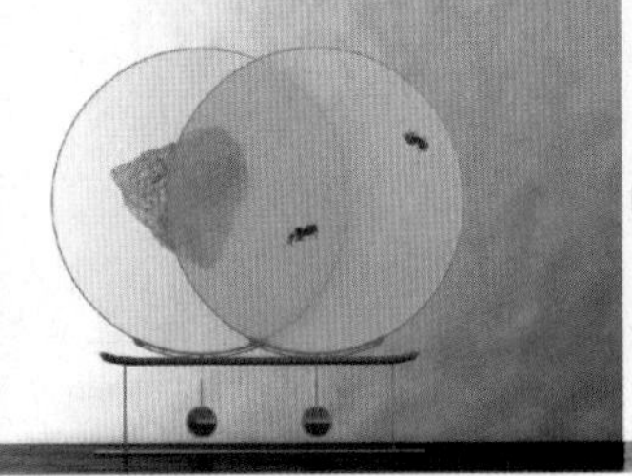

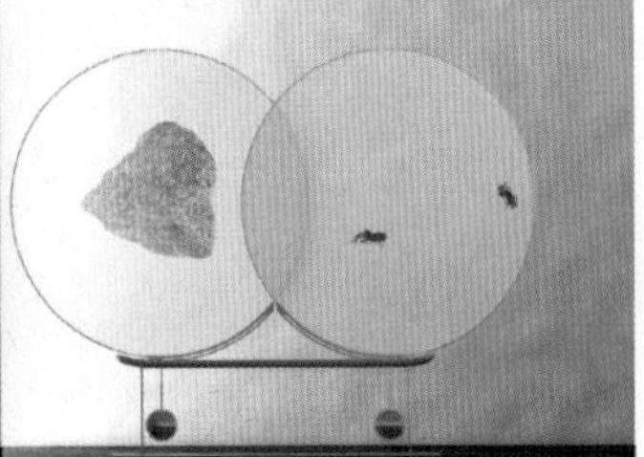

图 5–5 看见 · 戏石屏风（卢志荣）

统一：指不同的组成部分按照一定的规律有机地组成一个整体。

变化：指在不破坏整体统一的基础上，强调各部分的差异，求得造型的丰富多彩。

具体到家具设计就是指把若干个不同的组成部分（如家具与家具之间以及家具各部分之间）按照一定的规律和内在联系，有机地组成一个完整的整体，形成一种一致的或具有一致趋势的感觉（见图 5–4）。

统一在家具中最简单的表现手法是协调和重复，将某些因素协调一致，将某些零部件重复使用，在简单的重复中得到统一。

家具设计的变化是指将性质相异的要素并置在一起，形成对比的感觉，这是一种智慧、想象的表现，显示种种因素中的差异，造成视觉上的跳跃，在单纯呆滞的状态中，重新唤起活泼新鲜的韵味（见图 5–5）。

变化是在不破坏整体统一的基础上，将性质相异的造型要素进行并置，强调它们差异性与对抗的效果，造成显著对比的一种感觉，取得生动、多变、活泼、丰富、别致的效果。

具体表现为：线条——长与短、曲与直、粗与细、横与竖等；形状——大与小、方与圆、宽与窄、凹与凸等；色彩——浓与淡、冷与暖、明与暗、强与弱等；肌理——软与硬、粗与细、光滑与粗糙、透明与不透明等；形体——大与小、虚与实、开与闭、疏与密、简与繁等；体量——轻与重、笨重与轻巧等；方向——高与低、前与后、左与右、垂直与水平、垂直与倾斜、顺纹与横纹等（见图 5-6、图 5-7）。

图 5-6　花几 1

图 5-7　花几 2

3. 对称与均衡的统一

对称：对称是指家具造型中中心点两边或四周的形态相同而形成的稳定现象，包括左右对称和上下对称。

均衡：均衡是指家具一个形态或一组形态中两个相对部分或两个形态不同，但因量感相似而形成的平衡现象。均衡是非对称的平衡，指一个形式中的两个相对部分不均等，但因量的感觉相似而形成的平衡现象，从形式上看，是不规则中有变化的平衡。

均衡有两大类型，即静态均衡与动态均衡。

静态均衡是沿中心轴左右构成的对称形态，是等质等量的均衡，静态均衡具有端庄、严肃、安稳的效果（如图 5-8）；动态均衡是不等质、不等量、非对称的平衡形态，动态均衡具有生动、活泼、轻快的效果（如图 5-9）。动态均衡的构图手法主要有等量均衡和异量均衡两种类型。

图 5-8　静态均衡

如图 5-8 电视柜的对称形态起美化家居的作用。安稳、宁静的对称形态设计与无柜门开放的柜体设计形成对比，即使柜体收纳不同的物品也不显得杂乱。

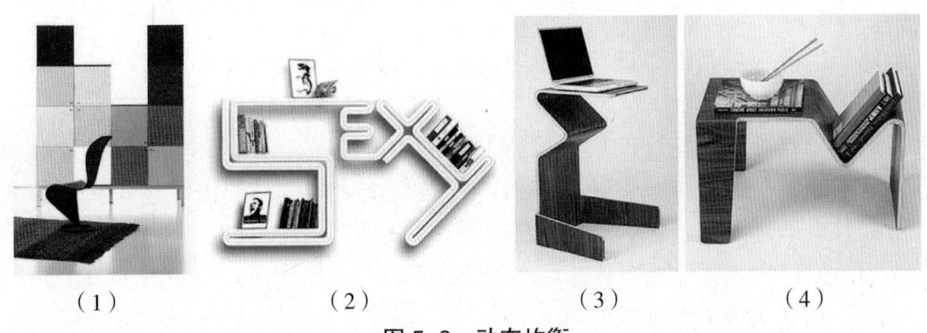


（1） （2） （3） （4）

图 5-9 动态均衡

4. 协调与对比的统一

协调与对比能反映和说明事物同类性质和特性之间相似和差异的程度，在论述艺术形式时，经常涉及有机整体的概念，这种有机整体是内容上内在发展规律的反映。

我们将造型诸要素中的某一要素或不同造型要素之间的显著差异组织在一起，使其差异更加突出、强化的手法称为对比。反之将造型要素之差异尽量缩小，使对比的各部分有机地组织在一起的手法称为协调（见图 5-10、图 5-11）。

图 5-10 协调与对比

图 5-11 组合沙发

图 5-12 收纳柜

如图 5-12 在造型上既有造型元素斜线的统一，又有色彩上橙色与白色的对比，产品色彩鲜明，具有年轻活力与现代感。

### 5. 重复与韵律的统一

重复是产生韵律的条件，韵律是重复的艺术效果。韵律具有变化的特征，而重复则是统一的手段。

在家具造型设计上，韵律的产生是指某种图形、线条、形体、单件与组合有规律地不断重复呈现或有组织地重复变化，它可以使造型设计的作品产生节律和畅快的美感，直至增强造型感染力。这一艺术处理手法也被广泛应用，表现类型有重复及韵律两种。

（1）重复。

重复是指相同或相似的构成单元（即节奏）做规律性的逐次排列。相同单元的重复产生统一感，相似单元的重复形成统一中的变化相异的单元，交互排列，则构成交替重复的模式，可导致变化中的统一。它不仅是统一与平衡的必要基础，而且也是和谐的主要因素。

在家具造型中它是由家具构件排列、家具装饰手法及单件家具组合形成（如图 5–13）。

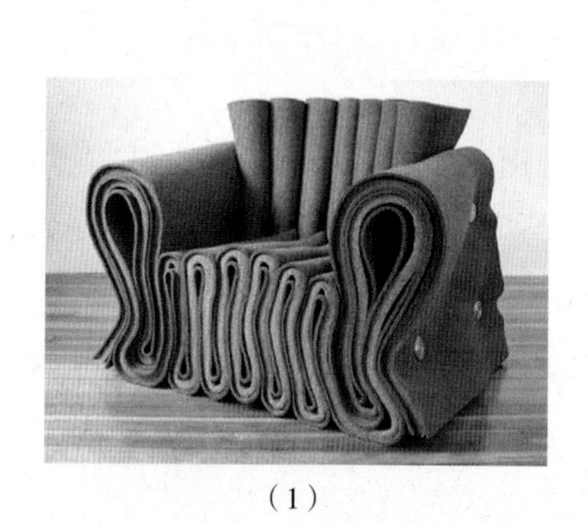

（1）

（2）

**图 5–13 重复排列**

（2）韵律。

韵律是任何物体构成部分有规律重复的一种属性，韵律美是一种有起伏、有规律、有组织的重复与变化。

把对于人们有感染力的形、色、线有计划、有规律地组织起来，并符合一定的运动形式，如渐大渐小、递增递减、渐强渐弱等有秩序、按比例地交替组合运用，就产生出旋律的形式。可以说，自然界中的万物皆潜藏着韵律现象或旋律美感。韵律的形式有连续韵律、渐变韵律、起伏韵律和交错韵律。

①连续韵律：是由一个或几个造型要素，按照一定距离或者排列规则连续重复出现，形成富有节奏的韵律（见图 5–14 至图 5–16）。

图 5–14 多功能曲木家具

图 5–15 曲木家具

图 5–16 沙发

②渐变韵律：是在某一（组）造型要素连续重复排列的过程中，对其特定的变量进行有秩序、有规律的渐变，形成富有变化的韵律（如图 5–17）。

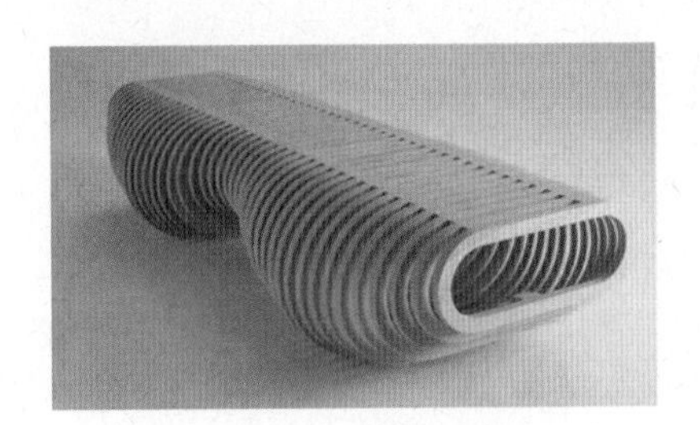

图 5–17 公共家具

③起伏韵律：将渐变的韵律再加以连续的重复，则形成起伏韵律。起伏韵律具有波浪式的起伏变化，产生较强的节奏感（如图 5–18、图 5–19）。家具造型连续渐变的起伏除了达到使用功能，还能满足观赏性，增强空间感。

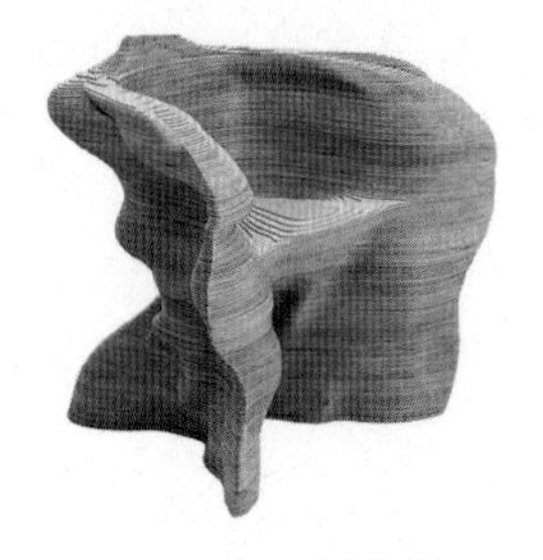

图 5–18 纸家具

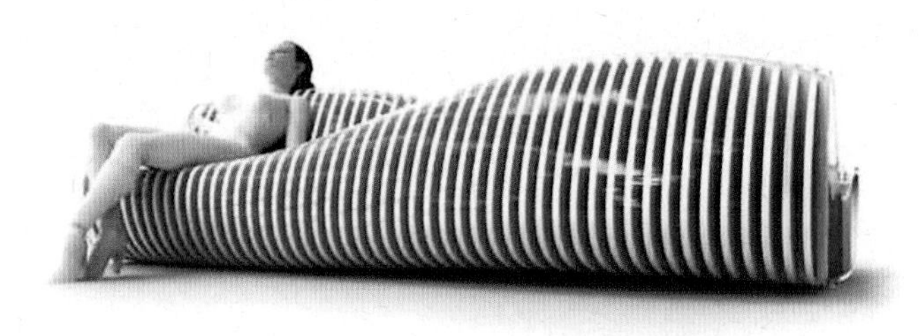

图 5–19 公共家具

④交错韵律：家具造型中连续重复的要素按一定规律相互穿插或交织排列而产生的韵律（如图 5–20）。交错韵律常出现在编织工艺的产品中，如图 5–21 的皮编织和 PE 藤编制沙发。

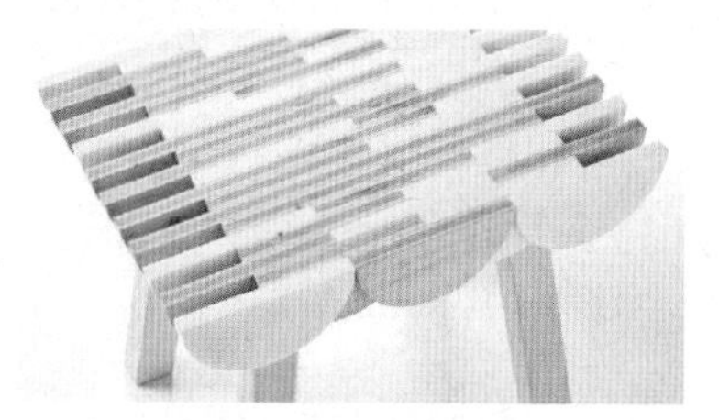

图 5–20　板式家具

（1）

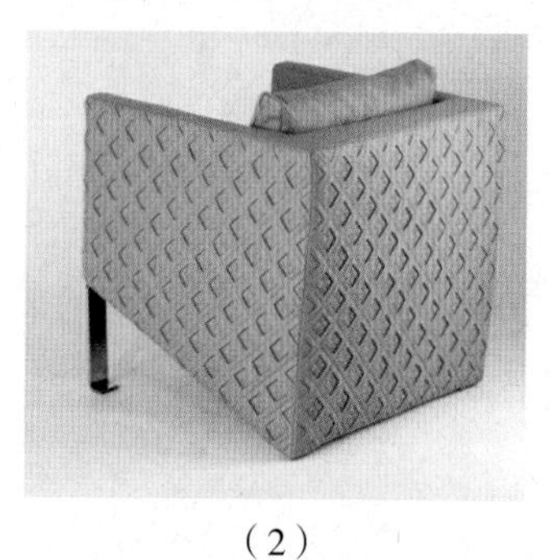

（2）

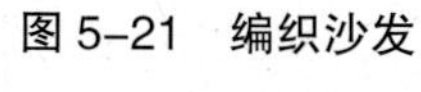

图 5–21　编织沙发

图 5–22　户外家具

如图 5–22 竹藤编织家具的美感主要来自于编织的图案、肌理效果和编织产生的交错韵律。

在设计竹藤编织家具时要注意图案、肌理、韵律等是否与家具的风格、功能、市场定位等相一致。

# 任务　安全性、舒适性、美观性评估

## 【任务描述】

### 活动 1　实物家具评估

请根据所学安全性、舒适性、美观性评估的知识，对展厅中的一件实物作品进行安全性、舒适性、美观性三方面的评估。

### 活动 2　效果图与尺寸图评估

请根据所学的评估知识，选取同班同学的同一期作业进行安全性、舒适性、美观性三方面的评估。

## 【任务实施】

（1）每一位同学有 7 分钟时间表述，以现场点评的形式进行。

（2）点评时可带卷尺等辅助工具。

（3）注意语言表述的条理性，表述需简明、清晰。

时间：2 天。

表 5-1 效果图与尺寸图评估任务及时间安排表

| 时间安排 | 任务 | 具体内容 | 地点 |
| --- | --- | --- | --- |
| 第 1 天 | 活动 1：实物家具评估 | 1. 以教师随机抽签的形式，制定同学评估的实物家具的对象<br>2. 全班同学选定实物后有 30 分钟的思考时间<br>3. 思考结束后，进行一一讲述 | 展厅 |
| 第 2 天 | 活动 2：效果图与尺寸图评估 | 用 PPT 做课程最后方案作业的汇报 | 课室 |
| | | 以两人为一组，相互评估对方的作品方案 | |

## 【案例分析】

（1）

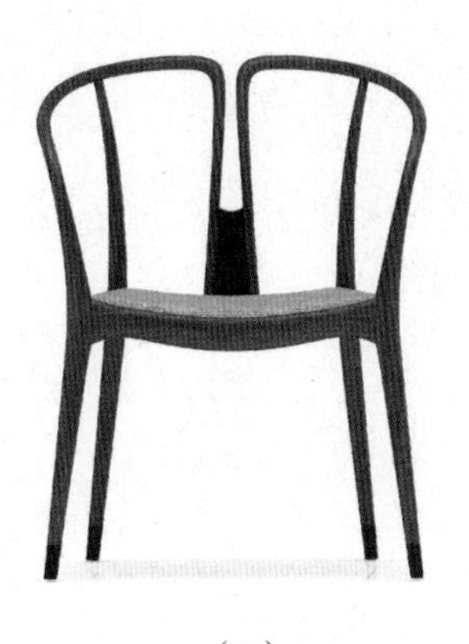

（2）

图 5-23 顺德职业技术学院毕业设计（卓尔百匠）

案例点评：

1. 实用性评估

此款实木椅家具材料使用美洲樱桃木，材料硬度大，坐感舒适，产品的设计适合多个室内空间使用，具有较高的实用性。

2. 舒适性评估

实木椅坐感舒适，从靠背斜度到扶手高度都体现对舒适度的考虑，符合人机工程学要求。坐面的造型弯曲处理与坐面软包增大了舒适性。

3. 美观性评估

此款实木椅家具是新中式风格设计，造型和材料的应用都具有创新性和美观性。其设计造型来源于明式圈椅，整个家具线条运用得当，靠背和坐板下横枨的曲线造型统一、和谐并体现美感，靠背造型独特同时具有舒适性，靠背细部应用皮革的材料，提升了产品价值感和时尚性。

家具的尺度把握适当，4个腿部均以细—粗—细的造型变化，使椅子外形显轻巧，提升了美观性，能迎合现代人的审美要求。

## 【知识技能拓展】

**儿童家具品牌介绍：**

1. 拉芙塔（LIFETIME，丹麦）

拉芙塔由丹麦沙克·伊格尔（Schack Eagle）家族于100多年前创立。从很早以前的马车车轮、办公桌椅、家用家具，到自20世纪70年代开始的儿童家具，沙克·伊格尔家族一直从事木制品的设计与制造，对木制家具制作有深刻的理解和丰富的经验。家族成员代代传承家族产业，如今已传至第四代。他们偏爱生产技能，不断追求当代的生产手段和设备，对质量的追求达到近乎苛求的程度（见图5-24）。

（资料来源：www.lifetime.com）

（1）

（2）

图5-24　LIFETIME家具

2. 芙莱莎（FLEXA，丹麦）

芙莱莎创办于1972年，从最初的可重新组合变化的儿童床系列发展到如今整体儿童房家居系统解决方案，芙莱莎已经成为专业儿童家具研发生产商的代表。除此之外，芙莱莎不仅开创了松木儿童家具这一市场，更引导了儿童家具的设计和发展趋势，每一次新产品的发布和面世都会引起业内和消费市场的强烈关注（见图 5–25）。

（资料来源：www.flexa.com.hk）

（1）　　（2）

图 5–25　FLEXA 家具

3. 托米德（TUMIDEI，意大利）

托米德公司成立于 1958 年，位于意大利罗马涅地区，是一家专门从事家具业的公司，公司历史超过 50 年。在这 50 多年来，公司以家居理念的转变，家庭方式的转换以及家具的转型闻名世界。

托米德先后通过了 ISO 9001，OHSAS 18001 以及 ISO 14001 认证，其战略重心是质量、安全、环保（见图 5–26）。

（资料来源：www.tumidei.it/en/）

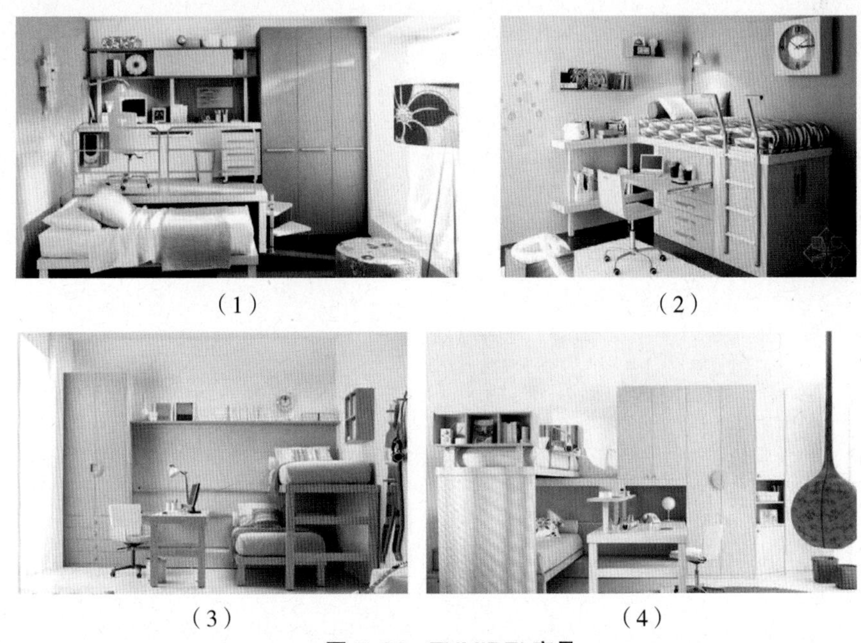

（1）　　（2）

（3）　　（4）

图 5–26　TUMIDEI 家具

4. 摩尔（MOLL，德国）

摩尔于1925年在德国施瓦本地区的格吕宾根成立，最初是家庭木工作坊的形式。1974年摩尔发明了可调节高度的儿童和青少年书桌，该书桌的桌面既可倾斜又有防滑功能。随着20世纪90年代Basic基础系统的推出，摩尔作为儿童家具生产商，为儿童和青少年提供了伴随儿童成长的整套书桌。创新和质量的完美结合使得摩尔年轻办公系统独树一帜（见图5-27）。

（资料来源：www.moll-funktion.com）

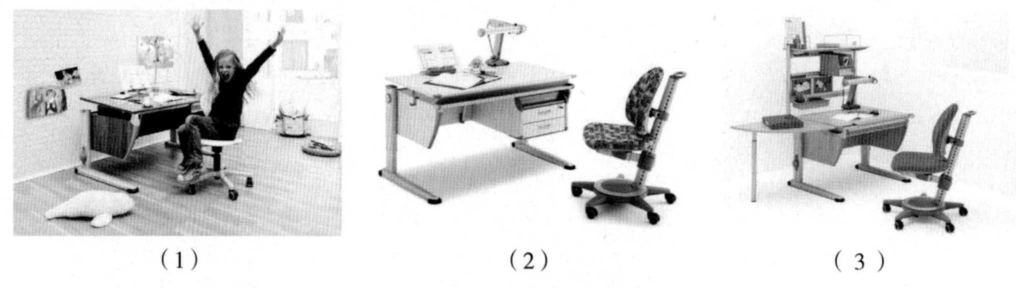

（1）　　（2）　　（3）

图5-27　MOLL家具

## 评估反馈

### 自我评价

表5-2　目标达成情况

| 序号 | 学习目标 | 达成情况（在相应的选项后打"√"） | | |
|---|---|---|---|---|
| | | 能 | 不能 | 不能是什么原因 |
| 1 | 深刻理解"何为好的家具造型设计"，并能从家具造型设计构思、结构、形态、材质、色彩、装饰等方面加以阐述 | | | |
| 2 | 能正确运用家具评估知识对自己及他人的设计方案进行评估，并提出修改方案 | | | |

### 小组评价日常表现性评价（由小组长或者组内成员评价）

表5-3　评价表

| 序号 | 评估项目 | 评价结果（在相应的选项后打"√"） |
|---|---|---|
| 1 | 分析方法是否正确 | □优　□良　□中　□差 |
| 2 | 作业完成情况 | □优　□良　□中　□差 |
| 3 | 团队合作情况 | □优　□良　□中　□差 |
| 4 | 讨论参与度情况 | □优　□良　□中　□差 |
| 5 | 其他 | □优　□良　□中　□差 |

教师 / 企业专家点评

______________________________________________

______________________________________________

______________________________________________

总体评价：□优　　□良　　□中　　□差

教师签名：________________　　　　______年____月____日

# 参 考 文 献


1. 胡景初，戴向东. 家具设计概论［M］. 北京：中国林业出版社，2011：9.

2. 许柏鸣，方海. 家具设计资料集［M］. 北京：中国建筑工业出版社，2014：10.

3. 胡景初，方海，彭亮. 世界现代家具发展史［M］. 北京：中央编译出版社，2005：6.

4. 唐立华，刘文金，邹伟华. 家具设计［M］. 长沙：湖南大学出版社，2011：8.

5. 许柏鸣. 家具设计［M］. 北京：中国轻工业出版社，2009：8.

6. 周关松，吴智慧，匡富春，等. 户外家具［M］. 北京：中国林业出版社，2013：3.

7. 余继宏，吴智慧. 试论家具细部的设计特征［J］. 南京林业大学学报（人文社会科学版），2011（12）：98.


# 学 习 网 站

1. jjzz.sdpt.com.cn（职业教育家具设计与制造专业教学资源库）
2. www.designboom.com（设计邦）
3. www.dolcn.com（设计在线）
4. www.chiwinglo.it
5. www.visualchina.com（视觉中国）
6. zjy.icve.com.cn（智慧职教）

# 后 记

经过一年多的不懈努力，《家具造型形态设计》一书终于可以交稿了。书稿总结了本人多年在家具设计教学与实践上的观点与方法。所举的教学范例很多来源于企业的家具产品造型设计案例，本书还选取了具有国际水平的新型家具产品进行介绍，其中包括近几年米兰家具展的最新的家具产品。在编著过程中，本人与编写团队走访了多家家具企业，与企业的一线设计师与设计总监进行交流，真正地从企业对设计人才的岗位能力与职业技能要求出发，对教材的知识点和技能点进行设计。其间，我们得到了编委会和多家企业的帮助，获得了企业提供的大量产品，并在与企业一线设计师、设计总监的交流中，形成了这本书的主要脉络和内容。

本书能够顺利完成，首先感谢卓尔文仪家具有限公司、观致家具设计有限公司、斯高家具有限公司、利帆家具有限公司和东方名格家具有限公司等企业的大力帮助，没有企业的热心支持和宝贵建议，我们无法取得现在的成果。感谢顺德职业技术学院彭亮教授、孙亮教授对本人工作的支持、关怀与鼓励。感谢广东高等教育出版社的编辑们对编者的信任与帮助。感谢编委会成员的共同努力，特别是我们的优秀毕业生高碧仪女士全力参与相关资料的搜集、范例的制作以及作品的拍摄工作，为这本书的完成做出较大贡献。在此一并致以最诚挚的谢意。由于时间仓促，加上学识所限，书中偏颇、错漏之处难免。还望各位专家、读者在海涵的同时不吝赐教。书中图片均作为优秀范例做教学用途，部分图片由于无法找到出处，如有疑问，请与本人联系。

编 者

2017 年 8 月